中国饮食

刘军茹 编著

五洲传播出版社

图书在版编目（CIP）数据

中国饮食／ 刘军茹编著．-2版．—北京：五洲传播出版社，2010.1
ISBN 978-7-5085-1660-8

Ⅰ.中 … Ⅱ.刘… Ⅲ.饮食-文化-中国 Ⅳ. TS971
中国版本图书馆CIP数据核字（2009）第180900号

中国饮食

编 著 者	刘军茹
责任编辑	张　宏
装帧设计	申真真
出版发行	五洲传播出版社（北京市海淀区北小马厂6号 邮编：100038）
电　　话	8610-58891281（发行部）
网　　址	www.cicc.org.cn
承 印 者	北京华联印刷有限公司
版　　次	2010年1月第2版第3次印刷
开　　本	155×230 毫米　1/16
印　　张	8.25
字　　数	100千字
定　　价	38.00元

目　录

前　言

　　关于饮食，中国有一句流传甚广的俗语"民以食为天"，足见"吃"在中国人生活中的重要地位。吃，不仅为饱腹，有得吃、能吃、会吃更被视为一种"福气"，后世推崇饮食文化的人常常引用中国古代思想家孔子的话"饮食男女，人之大欲存焉"，为这种享受生活的态度找到积极、正面的思想依据。世界上可能再也没有一个地方像中国这样有着如此众多的美味佳肴。若论烹调技艺，恐怕除了法国、意大利，也再没有哪个国家的厨师的烹调水平能得到中国人的认可了。

富春江畔的稻田。（王苗摄，香港《中国旅游》图片库提供）

极度发达的烹饪技术，使得许多外国人看来不可食的原料，经过中国厨师的劳作，变成一道道可口的美味；而中国人的食谱也相当广泛，能食用者皆在可食之列，禁忌很少。讲吃福的中国人，不仅在自己的广阔疆域内开创了种类繁多的地方口味，在日常生活中体现出视生活为艺术的人生态度，还将饮食文化远播海外，在天涯若比邻的今天，在世界各大国际都市均可吃到中国菜。

像许多地域广阔的国家一样，中国饮食的地方口味最大的分野也是以南北而论的。尽管中国最好的大米产自东北，但并不妨碍这个地区的居民和其他北方省市的人一样喜欢吃面食，北方地区在菜式上以北京的涮羊肉和烤鸭、山东的鲁菜最为经典。南方的主食是米制食品，菜式则相对丰富，既有重辣味的川菜、湘菜，也有重甜鲜口味的淮扬菜、重海鲜汤品的粤菜。因此，到过中国的外国人，常常会惊讶于中国不仅地方口味变化很大，而且食品的种类也迥然不同。

吃中国菜不仅满足人的味觉，视觉上也是一种享受。中国的饮食艺术是以色、香、味俱佳为烹调准则的。为使食物色美，通常选用适当的荤素食物，包括一种主料和二三种不同颜色的配料，在青、绿、红、黄、白、黑、酱等色中调配，使用适当的烹调技法达到菜色美观的效果。"香"，是通

【先秦诸子饮食观】

先秦（公元前221年以前）是中国历史上社会大动荡与大变革的时代，诞生了许多对后世有着深远影响的思想巨人和学说。在饮食理念上有代表性的是墨子、老子和孔子。墨子生活十分俭朴，提倡社会互助、积极生产，反对不劳而食，他主张"量腹为食，度身而衣"，"其为食也，足以增气充虚，强体适腹而已矣"，是一种适度节俭、服务社会的生活观。老子明确指出饮食对人的修养的重要意义："治身养性者，节寝处，适饮食"，主张清心寡欲，知足而止，是一种强调精神修养淡泊物质的生活观。孔子把饮食实践与礼制相结合，他广为流传的言论"食不厌精，脍不厌细"是主张饮食合乎礼度，而不是主张奢华，他个人的生活态度"饭蔬食饮水，曲肱而枕之，乐亦在其中。不义而富且贵，于我如浮云"对中国传统知识分子阶层影响很大。

超市里的菜品专区供应新鲜时令蔬菜。（是慧明摄，Imaginechina提供）

过加入适当的香料，如葱、姜、蒜、酒、八角、桂皮、胡椒、麻油、香菇等，丰富烹煮的食物气味和味道，激发食客的食欲。烹调各种食物时，施展煎、炒、烧、蒸、炸、爆、炖等多种技巧，既注重保持食物的原汁原味，又适量使用酱油、醋、香料、辣椒等调味品，使菜味咸、甜、酸、辣，不一而足。再加上用蕃茄、萝卜、黄瓜等做成各式各样的盘花和使用精美的瓷器餐具，使得中国的"吃"真正成为饮食艺术。

　　比起美国人计算食物的热量和胆固醇含量以保持身体健康和有魅力的身材，或日本人热衷于尝试各种保健食品以永葆青春的社会风气，中国人的健康意识体现在"医食同源"的饮食理论中。由于深信食物有调养身体、治愈疾患的功效，许多可食用的植物因其具有预防和保健功能而成为中国人的家常菜；中国人同时讲求"食不厌精、脍不厌细"，非常注意菜量的调配、精工细

古色古香的就餐环境和宫廷仿膳菜肴，将文化与饮食紧密联系在一起。（沈煜摄，Imaginechina提供）

作和荤素搭配，不论做菜做汤，均将各种营养成分作适当配比，以达到营养的目的。在摄取的食量上，中国人世代相传的长寿秘诀之一就是吃饭只吃七八分饱。

中国人的餐桌礼仪有其传统的规范，例如须坐着进食，男女老少同席须先让长者入席，吃菜用筷子夹着吃，喝汤一定要用汤匙盛着喝，吃饭时不许大声喧哗等。这种传统礼仪到了今天，最大的变化莫过于进餐时越来越多的人主动放弃了"食不言"的古训。的确，与中国人一起吃饭，常常会发觉进餐的环境很吵，很多人满嘴是饭却还高声谈笑。这种情形也许是由于现代的中国人已把吃饭当成了重要的社交机会，人们需要在这个放松的时刻谈些轻松愉快的话题，以增进彼此的了解。

这是一幅名为"连年有余，喜庆丰收"的年画，体现了人们新年伊始时的美好愿望。（王树村藏）

　　近年来，由于工商业的快速发展，除了传统的按菜谱点菜的餐饮服务外，也出现了中国式的快餐；不仅如此，世界各国的饮食纷纷在中国各大都市亮相，意大利的披萨、法式大餐、日式料理、美国的汉堡、德国的啤酒、巴西烤肉、印度咖喱、瑞士乳酪等等，可谓应有尽有、包罗万象，使得"吃在中国"这句话更加名副其实了。

饮食文明溯源

2500年前，中国南方的山地居民就发明了把崎岖山地开垦成良田的技术，他们引用山泉灌溉，在梯田中种植稻谷。此为桂林地区壮族开辟的梯田。（谢光辉摄，香港《中国旅游》图片库提供）

食源寻踪

　　有一种说法，世界各地的饮食习惯之所以有很大的差异，当归结为生态的限制、人口的数量、生产力的水平等几种因素的合力。大部分的肉类食谱都出现在人口密度相对较低、土地不必或不适宜用作耕地的地区，对肉食的依赖可能促进了这些地区分享、交换的经济活动；与此相对，食物中肉食较少，而以谷物和植物根、茎、叶为主的饮食习惯，总是跟巨大的人口压力、耕地面积有限、食物特别是肉类供应能力不足的环境相联系，那里的食物供给更多依靠的是自给自足的生产方式。饮食习惯也并非亘古不变，也没有好坏优劣之分。而随着世界范围的人口流动，曾经固守一地的饮食传统也可能为越来越多的人所接受，其自身也有了更大的包容性。人们或许可以从源远流长的中国饮食文化中看到人类共同的发展足迹。

　　中国是世界农业的起源地之一，而且很早就发明了引水造渠、利用山坡发展灌溉农业等耕作方式。早在公元前5400年左右，黄河流域就已经种粟（原义为黍的籽粒），并已使用土窑储藏粮食；公元前4800年左右，长江流域已经种稻（有黏和不黏之分，最早"稻"专指黏的稻类）。自进入农业社会开始，中国人就形成了以粮食为主、肉食为辅的食物结构，并且延续至今。

　　中国一部古老的著作《黄帝内经》这样描述中国人的食物结构："五谷为养，五果为助，五畜为益，五菜为充。"谷、果、菜都是植物类食物。粮食作物古称"五谷"或"六谷"，大致包括黍（又称"黄米"，颗粒细小，色黄而黏）、稷（即今天的小米，有"五谷之长"的说法，稷和黍是古中国北方主要的粮食作物）、麦（包括大麦和小麦）、菽（豆类的总称，生长在低湿的地方，是中国人食用蛋白质的主要来源）、麻（指可充饥之麻籽，是古中国农

9

民的主要食物之一）、稻等六大类。黍和稷都是原生于中国的植物，并且在史前就传至欧洲。稻与麦都不是中国北方的原生作物，一般认为稻的起源在中国南方、印度和东南亚，在中国新石器早期的河姆渡文化（前5000—前3000）遗址中发现了世界上最早的稻米栽培，但早期稻米在中国北方的栽种并不普遍，属于珍贵的谷食，直到汉朝（前206—公元220），由于灌溉事业日益发达，以及对于南方的开发，才渐渐普遍成一般的民食，然而白米一般而言仍算是较贵的谷物；麦的原生地在中亚及西亚一带，约在新石器时期由西北传入中国，但栽培种植晚于稻米，直到周朝（前1046—前256）晚期，麦仍只是贵族吃的谷物。此外，高粱也是中国原生的农作物，在公元1世纪时传至印度和波斯（今伊朗）。中国人每逢春节都会用"五谷丰登"这句成语祝福新的一年国泰民安，可见在这个"民以

屋顶上晾晒谷物的习俗在中国南方农村比较多见。（封小明摄，香港《中国旅游》图片库提供）

食为天"的大国，粮食生产自古以来就有着特别重要的意义。

长期耕种土地的经验，使中国人认识到许多西方人所不知的可食用的植物，而且还发现大部分人类所必需的营养成分都可以从植物中获取。中国人所经常食用的豆类、大米、黍、小米等食物都富含蛋白质、脂肪和碳水化合物。

用粮食做成的食品有很多花样。中国北方人的传统食物以小麦为主，餐桌上的主要内容是各种面食——小麦磨成的面粉做成了馒头、饼、面条、包子、饺子、馄饨等；而以稻米为主食的南方地区，餐桌上常见的主食除了米饭外，米线、米粉、米糕、麻糍、汤圆等各类米制食品也随处可见。稻米自南向北、麦类自西向东地扩大种植范围，对中国人饮食习惯的形成产生了巨大的影响。

饼是较早出现的面食，最早的做法是把谷粒捣成粉，加水抟和，而后在热汤里煮。后来陆续有了蒸、烙、烘烤、煎炸等做法。饼也是花样最多的面食，不仅大小厚薄都有，还分有馅儿的、无馅儿的，馅儿的种类不下几十种；无馅儿的还有单层或多层的做法，技术高的能做出十几层却薄如纸张的饼。烧饼是最大众化的烤烙面食，南北各地都有。

面条也是一种常见的传统面食，最早的做法是用热汤煮，宋代（960—1279）以后才出现加入各种荤素"浇头"的吃法。吃面条与中国的节令风俗密切相关，北方有"二月二，龙抬头"吃龙须面的风俗，意在祈求风调雨顺；南方一些地方，人们要在大年初一吃"新年面"；此外，庆祝生日要吃长寿面，小孩满月要吃"汤面宴"，等等。看似简单的面条制作起来并不简单，要运用擀、搓、切、抻、捏、卷、模压、刀削等多种技法。

中国人大约在公元3世纪掌握了面粉发酵技术，用易于发酵的米汤作"引子"发面，后来又尝试用碱中和发面。而蒸笼、煎铛等炊

贵州村寨专门设有晾晒糯谷的晾架。（陈一年摄，香港《中国旅游》图片库提供）

面条经过晾晒后更耐储藏（Michael Cherney摄，Imaginechina提供）

具的发明和使用，同发酵技术一样为丰富面食的种类提供了方便和可能。馒头就是发酵技术发明后最普通的一种面食。

米饭，是最常见的米类食品，也是南方人最重要的日常主食，但更能代表中国传统米制食品的是"粥"。粥，在中国已有数千年的历史，各地食粥风俗各异，粥的种类也数不胜数，仅素材就分谷、蔬菜、水果、花卉、草药、动物六大类。而以羹浇饭的吃法也是很早以前就有的。

早在30年前，大米、白面还被中国人称为"细粮"，绝大多数老百姓还不能每顿都吃得上；与之相对的"粗粮"才是真正的主要食品，包括玉米、小米、高粱米、荞麦、燕麦、薯类、豆类等。

在各类杂粮中，大豆的贡献最大。大豆的种植最

早见于西周（前1046—前771），本是农民的食物，直到西汉时期
（前206—公元25）豆腐出现后，才被官僚、文人阶层逐渐接受。
时至今日，各种豆腐制品和豆奶制品已有上百种。中国人培植的大
豆和研制的种类繁多的大豆制品，为人类饮食提供了一个重要的植
物蛋白来源和多种优质调味品。豆腐介于主、副食之间，后来又发
展出多种菜式，成为中国典型的家常菜。与西方人普遍食用黄油和
其他动物油脂不同，中国人多用植物油，如大豆油、菜籽油、花生
油、玉米油等。

　　在先秦时期（公元前221年以前）的中国典籍中，最常出现的水
果是桃、李、枣，其次是梨、梅、杏、榛、柿、瓜、山楂、桑椹，
其它如杞、花红、樱桃也偶尔会出现。这些大多是中国北方原生的
温带果树，或是史前就传入中国的物种。其中，桃、李、枣、栗常
常被用来当作祭礼或馈礼之用。桃大约在公元前1、2世纪由中国西

中国是世界重要的柑橘起源中心，湖南、四川、广西、云南、江西、西藏等地都有柑橘原始
野生类型。（沈煜摄，Imaginechina提供）

北经中亚传入波斯，后经波斯传入希腊和欧洲各国，并非像当时西方人认为的那样原产于波斯。而许多原产于中国南方的水果，包括橘、柚、柑、橙、荔枝、龙眼、林檎（又称花红）、枇杷、杨梅等也逐渐在更广的区域被种植和食用。

中国人的饮食从先秦开始，就是以谷物为主，肉少粮多，随着蔬菜种植技术的提高，蔬菜也不再是富贵人家独享的美食了。中国人吃的蔬菜品种，在世界上恐怕是最多的了，常见的有白菜、萝卜、茄子、黄瓜、豆角、韭菜、冬瓜、菌类、笋、各种菜豆以及并未大量栽种的野菜，主要用途是为了助饭下咽，是相对于主食的辅助性食物。这也促进了烹饪手段不断进步，各种蔬菜的根、茎、叶生熟可吃、可晾干储藏，亦可腌制成各式小菜，让菜的口感和味道尽可能变得丰富多样。

古代中国人在由渔猎生活向农业社会转变的过程中，由于蔬

石磨是传统粮食加工的重要工具。20世纪50年代前，许多地方女子出嫁，石磨还是重要的陪嫁品。现在，机械加工在中国农村的应用越来越普遍。此为陕西农民在窑洞使用磨盘磨米。（单晓刚摄，香港《中国旅游》图片库提供）

稻米是中国人主食的重要来源，从大兴安岭到长江流域，从云贵高原到喜马拉雅山麓，只要是稻米生长的地方，稻米就会出现在人们的日常饮食里、宗教庆典中、结婚喜筵上，或是绘画和歌曲里，稻米的种植改变了那里的景观。全世界有近30亿人共享着稻米的文化、传统和尚未开发的潜力。此为正在稻田插秧的海南农民。（熊一军摄，Imaginechina提供）

菜的栽培技术尚不成熟，肉食也曾经是中国人副食的重要组成部分。农业社会时期的中国人以牛、羊、豕（猪）为三牲，祭祀或宴飨时，三牲齐备是最隆重的礼仪；马、牛、羊、鸡、犬（狗）、豕则合称“六畜”。由于受人口密度相对较大及环境限制等因素的影响，马、牛更多地作为农业生产的重要工具，而非饲养以供食用，因此直至宋代，中国人都视牛肉为稀罕的美食。与之不同的是，中国人较早就有了吃羊肉的习惯，羊肉中的羔羊肉被视为上品，汉字“美”的造型和原义——“羊大为美”即与食羊有关。猪和鸡也是较早被驯化而供人食用的动物。因为很早就发展了家禽养殖业，蛋

类是中国人最常吃的动物类食品；在中国各地农村，除信仰伊斯兰教的民族外，有个普遍的特色就是养猪，猪肉是中国最常见的肉类食品。与对待羔羊肉的态度相同，古代中国人认为小猪肉更好吃。在中国古代，狗是随时可以杀掉吃肉的，虽不及吃猪、吃鸡普遍，却也有过专门屠狗的职业。中国人还发明了原始的孵蛋器、培育箱和许多养殖家禽的工具。而沿海地区的居民则以方便打捞的海产品和蔬菜为副食。

与过多地食用动物性食物的饮食结构相比，中国人以粮食为主食、鱼肉蛋奶菜为副食的饮食习惯，在许多营养学家看来，不但有利于营养和健康，而且也符合当今全球提倡的节能环保观念。而随着现代人环保和健康意识的提高，自觉吃素的中国人也越来越多。

外来的食物

据统计，地球上大约有七八万种植物可以食用，其中可供大规模栽培的约有150多种，迄今被人类广泛利用的只有20多种，却已占世界粮食总产量的90%。与世界各国一样，食用物种和食品的交流与传播在中国从古至今都未曾中断过，这不仅扩大了中国人的食源，丰富了中国人的菜肴品种，也使中国人的饮食习惯发生着变化，发展了中国人的日常饮食生活。

除了少量在先秦时期就已传入中国的食用物种外，更大规模的食物交流与传播发生在两千多年前国力强盛的西汉时期。葡萄、石榴、胡麻（芝麻）、胡豆（蚕豆）、胡桃（核桃）、胡瓜（黄瓜）、西瓜、甜瓜、胡萝卜、茴香、芹菜、胡荽（香菜）等原产于中国新疆或中亚、西亚等地的食用物种，通过"丝绸之路"传入了汉民族聚居的中原地区。

也正是从这一时期开始，中外交流日益密切，许多原产地不在中国的食品逐渐摆到了中国人的餐桌上。

原产于美洲的玉米经欧洲、非洲、西亚传入中国北方；介于主食与蔬菜之间的马铃薯，通过东南沿海传入中国，最初只在福建、浙江一带种植，后来遍及南北东西；葵花籽在17世纪由美洲传入中国，200年后用于榨油，丰富了中国的油料种类；豆类中的绿豆原产于印度，北宋（960—1127）时传入中国；蔬菜中的菠菜是唐太宗（627—649在位）时由波斯传入的；原产于印度的茄子在南北朝（420—589）时随佛教流入中国；而一些中国土生土长的物种，如花生、大蒜、西红柿、苦瓜、豌豆等为外来的优良品种所取代。

早期传入中国的水果多来自西亚（如葡萄）、中亚（如早期的苹果）、地中海（如橄榄）、印度（如一些柑橘类）和东南亚（如椰子、香蕉）；菠萝、西红柿、番石榴、草莓、苹果、榴莲、葡萄柚等已广为现代中国人食用的水果则是在近代由南亚、美洲或大洋洲传入的。

辣椒，在中国已经是一种极为普遍的菜肴

中国人吃辣椒的历史虽不过300多年，食辣的风俗却已广为流行。卖辣椒的小贩。（郑云峰摄，香港《中国旅游》图片库提供）

吃冰棍（1957年摄于北京，新华社摄影部提供）

咖啡器具（汪昊摄，Imaginechina提供）

和调味料了，而中国人吃辣椒的历史却不过300多年。史料记载，辣椒是在明朝（1368—1644）末年，由海路从美洲的秘鲁、墨西哥传入中国的；糖是调料中最重要的甜味原料，它是在唐太宗时，由朝廷派遣使臣到中亚学习熬糖技术后才开始生产的；而被中国人视为名贵食品的鱼翅、燕窝则是14世纪初从东南亚传入的，自清代（1616—1911）起成了一种奢侈品；而随着现代西方文化的广泛传播，西式饮品如咖啡、汽水、果汁及啤酒、威士忌、汽酒、红白葡萄酒等酒类对中国人而言也早已不是什么稀罕之物了。

在菜肴方面，外来饮食最早进入中国食谱是在唐代，随着中西贸易的频繁往来，由阿拉伯人带来的食品派生出中国的清真菜肴，对丰富中国饮食风俗和烹饪技艺都有着不小的贡献。到了近现代，西餐传入中国，不仅许多通商口岸开有不同风味的西餐厅，而且还形成了一些中西合璧的烹饪技术，这在中国四大菜系之一的粤菜（其它为鲁菜、川菜、淮扬菜）中表现得尤为突出。

近年来，随着中外经济、文化交流的日益密切，动植物优良品种的引进已经成为中国进口贸易的一项重要内容，越来越多的外国食品进入了中国寻常百姓家。而中国政府也和其他国家一样，开始正视外来物种的大量引入或侵入对本国生物多样性的威胁，保护国家生态安全的相关法律法规已在制定中。

食之美器

人类的进化，自上古的茹毛饮血到后来的烹蒸炒炸，自抓食物至用筷子、刀叉、匙，似乎可从食物与食器的发展中窥见人类由原始演变到现代的历程。中国人使用的烹调和饮食器具跟烹调技术、饮食习惯密不可分。今天的人们可以通过流传下来的文物和汉字对其发展的历史有所了解。中国食器的历史，大致经历了石制、陶制向青铜器、铁器等金属器皿转变的过程，而沿用至今且闻名于世的是各式"中国制造"的瓷制杯碗碟盘。随着生产力水平的不断提高，食器不仅在材质上发生着变化，还经历了一个由大到小、由粗到精、由厚到薄的变化过程。

中国最早的炊具有陶制的鼎、鬲（lì）、镬、甑（zèng）、甗（yǎn）等，后来陆续出现了名称相同、造型更精、形制更大的青铜器和铁器，这些炊具有的也兼作盛器。鼎就是煮肉和盛肉用的，体积都比较大，多为圆形三足，也有方形四足的，足间可直接放置燃料烧火加热。鼎上端外沿两侧各有一直立的扶耳，以便于抬放。青铜器时代的鼎在功用上发生了变化，有一些演变成了重要的祭祀礼器。鬲是煮粥用的，外形似鼎，体积较小，三足中空与腹相通，里面的食物可以更快地受热。镬是专用作煮肉的，比鼎更加进化，圆腹无足，更像后来的锅。甑是蒸食物用的，口边向外翻立有扶耳，平底，底部有许多透蒸汽的孔格，也有无底另外加箅的，用时置于鬲上，鬲内有水。而将甑与鬲连为一体的就是甗。值得一提的是，中国在新石器晚期已有陶甑，商代（约公元前17世纪—约公元前11世纪）以后出现了青铜制的。

盛装食物的器皿也各有分工。在现存的文物中，除了与现在所用差别不大的盘和碗外，还可以认识到簋（guǐ）、簠（fǔ）、豆、箪、杯等。簋的形状很像大碗，圆口大腹，下有圆座或方座，有的上端外沿有两耳或四耳。这种器皿最初是装粮食用的，后用于进餐，且兼作祭祀礼器。古人吃饭时是先从甑中把饭盛到簋里再食用的。簠的用途与簋相近，形状像后来的高脚盘，但大都有盖子。豆与它不同的是，盘下有柄，陶豆在新石器时代晚期开始出现，商代以后又有木制漆豆和青铜器。豆不仅是食器，还曾为量器（古代四升为一豆）。箪是竹制或苇制的盛饭器具。杯形状与后来的杯差别不大，用来盛羹或汤。而无论吃肉吃饭，都会用到"匕"，不同的是吃肉时把肉从镬中取出的匕略大，而吃饭时把饭从甑中取出的匕略小，其功用与后来的勺相同。

中国的酿酒历史很久远，后世出土的商代

从中国新石器时代起，陶鼎就是人们饮煮食物的主要器皿。到夏代晚期（约前18世纪—前16世纪），用青铜铸造的鼎除了部分保留其饮煮食物的作用以外，通常在祭祀时被用来盛放肉食。这件鼎是中国现存最早的青铜鼎之一，高18.5厘米，口径16.1厘米。

簋是盛放黍、稷、稻、粱等饭食的器皿。这件青铜簋产生于公元前11世纪，高14.7厘米，口径18.4厘米。

青铜酒器极多，由此可以推测当时饮酒的风气相当盛行。尊（鼓腹敞口、高颈，底有圈足，形制较多，商代以鸟兽形尊最为流行）、壶（长颈敛口，有的有盖、深腹圆座，有的有提梁）、卣（音yǒu，椭圆口，深腹圆座，有盖和提梁）、罍（音léi，有圆形和方形，口大小不一，短颈方肩、深腹，圈足或圆底坐，有盖）、缶（陶制的酒器）等是盛酒的器具，爵（深腹、三足，可在火上加温，上端有伸出的沟槽以倒酒）、觚（音gū，最常用的饮酒器，多与爵相配使用，比爵小，口呈喇叭状，长颈、细腰、高圈足）、觯（音zhì，形似尊而小，有的有盖）、斝（音jiǎ，圆口圆腹，三足有短提把，用以温酒）、觥（音gōng，椭圆腹，有流酒的外沿和短提把，底为圈足，有兽头形盖，也有整体为兽形的，并附有小勺）、杯、盏（浅而小的杯子）是饮酒的器具。酒贮存在罍等大型的盛酒器中，喝酒时倒入壶、尊，放在席旁，然后用勺斗斟入爵、觚、觯中饮用。

伴随着代表中国古代科学技术发达水平的火药、指南针、活字印刷术等一系列伟大发明的出现，中国的陶瓷工艺到了宋代也有了空前的发展，无论青瓷、白瓷、黑瓷以及釉上、釉下的加彩瓷器都有了很大的提高，在造型、纹饰和胎釉各方面也有许多新的创造，涌现出许多驰名中外的传世精品。精美的陶瓷食器和酒器与"食不厌

甗是一种蒸饮食器。这件青铜甗大约产生于公元前13世纪—公元前11世纪，高45.4厘米，口径25.5厘米。

精"的中国饮食传统一道，成为了中国人为之骄傲和自豪的中国饮食文化的宝贵遗产。

说到中国饮食文化的显著特点，人们自然而然就会联想到中国人用筷子吃饭。人类进食的工具主要有三种：手指、叉子和筷子。用手指抓食，主要在非洲、中东、印度尼西亚以及印度次大陆的一些地区较为典型；欧洲和北美洲的人用叉子进食。像中国人这样用筷子吃饭的还有日本人、越南人、韩国和朝鲜人，马来西亚、新加坡等东南亚地区，受华人的影响，使用筷子的风气也日渐盛行。

筷子古称"箸"，说起筷子的起源，有一则神话传说广为人知：在上古尧舜时代，洪水泛滥成灾，大禹受命治水。有一天，大禹架锅煮肉，肉煮沸后需要等锅冷却才能抓食。大禹不愿浪费时间，就砍下两根树枝把肉从热汤中夹出来。手下的人见他这样吃肉，既不烫手，又不会使手上沾染油腻，纷纷效仿，于是渐渐出现了筷子的雏形。大禹创造筷子的说法，是古人对英雄人物的美誉。从功用上看，筷子是应熟食烫手方便夹取而产生的。而汉代的《说文解字》一书将"箸"字解释为"夹提"，"夹从木"，可见中国古代先民最早是以细树杆或竹为夹食工具的。

史料中明确记载，在3000多年以前的商代，中国人已开始使用筷子进食了。现存最古老的筷子实是在殷墟（商代后期的都城遗址，位于河南

明代（1368—1644）荷叶形玉碗，高5.3厘米，口径9.4厘米。

筷子在进食某些中国菜肴和餐点时的作用难以替代，比如吃涮羊肉。

安阳，是中国历史上可以肯定确切位置的最早的一个都城，1899年在此发现占卜用的甲骨刻辞，从1928年开始大规模考古发掘）出土的一双铜筷子。到了汉代，中国人吃饭已经普遍使用筷子了。中国人使用筷子，在人类文明史上是一桩值得骄傲和推崇的科学发明。著名华裔物理学家李政道曾经如此评价筷子："如此简单的两根东西，却高妙绝伦地应用了物理学上的杠杆原理。筷子是人类手指的延伸，手指能做的事，它都能做，且不怕高热，不怕寒冻，真是高明极了。"

筷子这项伟大的发明，与中国人多吃蔬菜的根、茎、叶的饮食习惯不无关联。筷子还有一个重要的作用，就是在某些中国菜肴和食俗形成过程中起了关键作用。比如，吃涮羊肉、长面条、凉粉等，正是由于筷子的参与，才更方便有趣。

与刀叉相比，筷子似乎更难驾驭，两根细棒之间没有直接的联系，靠了拇指、食指和中指的作用，便具有挑、拨、夹、拌、扒等多种功能，可以获取除羹汤类流食之外的任何食品。有人作过专门的研究：用筷子夹食物，牵涉到肩部、胳膊、手腕和手指等80多个关节和50多条肌肉的运动，可以使人心灵手巧。许多西方人都称赞东方人使用筷子是一种艺术，甚至有人认为中国人乒乓球打得好，是因为用筷子吃饭的缘故。

不过，筷子比起"刀叉派"和"手抓派"，还是有一个弱点，就是一旦遇到滚圆而滑溜的食品，比如汤圆、肉丸和鸽子蛋之类，用筷子的水平就会受到考验，技术差一点儿的很可能出现尴尬的局面。

西方人吃西餐很讲究，一般右手握刀，左手拿叉，左右开弓。中国人吃中餐也有一套自己的规矩，筷子吃饭，勺子喝汤，但只能用一只手，而不能像吃西餐那样左右开弓，两手齐上。此外，用筷子吃饭还有不少习惯性的礼仪。一般要用右手拿筷子，古人就曾有过用右手持筷的训条；吃完饭，要把筷子稳稳地驾在空碗的中间；宴席中暂时停餐，可以把筷子搁在靠近饭碗的桌面上，而不要把筷子竖插在碗中的米饭上，因为中国古代有以食品祭祖的风俗，只有祭品的碗盆上面才竖插筷子；不能用筷子在食物中翻搅或用筷子刺东西；不能在别人夹菜时，与之交叉去夹菜；不能用筷子敲空碗；筷子不可一长一短也不可用一根筷子吃饭；不能用筷子代牙签剔牙；不能倒着使筷子，等等。

作为中国人的日常用具，筷子的质料多取竹、木，金、银、铜、铁、玉石、象牙、犀角等，质料各异的筷子也不罕见。中国古代的帝王一般是用银筷，因为银器一遇毒物有变黑的特点，能够确保饮食的安全。

筷子不仅是中国人餐桌上最忠实的"侍者"，而且是一种值得

许多人都有收藏银制筷子的习惯，但很少用于普通的一日三餐。（海洋摄）

收藏的具有中国民俗文化特色的工艺品，因此中国许多地方都出产用料讲究、工艺独特的"名筷"。筷子独特的艺术价值，也受到了众多的国内外游客和收藏者的青睐。上海民间收藏家蓝翎先生慧眼独具，创办了中国第一家专门收藏筷子的家庭博物馆，收集了800多种1200多双异彩纷呈的筷子供人观赏，其中有宾馆专用筷、旅游点纪念筷、农村用的染布筷、蒙古筷子舞的道具筷、古代作兵器的铁筷和养鸟用的鸟筷等等。印度尼西亚的一位老华侨收集有908种筷子，其中还有一双中国某位皇妃使用过的金筷。

饮食的传统

温暖的会食

中国很早就有了规范的饮食制度，最早是两餐制，第一顿饭叫"朝食"，大约在上午9点左右吃，第二顿叫"餔食"，差不多在下午4点钟吃。中国古代的圣人孔子有句名言："不时不食"，讲的就是吃东西要符合时令，食物不到适当的时间、季节不吃。大约到了汉代以后，农业有了发展，各地各民族逐渐开始采用早、午、晚三餐制，只是古人的第三顿饭比现代人吃得早，正所谓"日出而作，日入而息"。一日三餐，每顿必得现做，也从一个侧面反映了中国人对于吃的重视程度。近年来，城市人的生活节奏越来越快，在外就餐的情况也越来越普遍，尤其是午饭，上班族大都在公司附近的饭馆或单位的食堂解决，所以对于晚饭，家庭主妇们一般都很精心。

不同于西方人的分餐制，会食制被视为中国饮食文化的一大特色——中国人无论是居家饮食还是在外聚餐，通常都是围桌而坐，同吃一盘菜、分享一锅汤。但中国的会食制并非从来如此，古时候，中国也曾有过相当长时间的分餐形式。

早期的炊具、食器以陶质为主，全部放在地上，此后发明了承托用具，也就是低矮的木案。从商代甲骨文中可以看到，"宿"字的形象是在室内设席，人坐在席上；而"席"字则表示那时人们

油条豆浆是中国人喜爱的一种早餐。（刘建明摄，香港《中国旅游》图片库提供）

许多城市人喜欢每天光顾街头的早点摊。（单晓刚摄，香港《中国旅游》图片库提供）

馒头是中国人的主食之一，许多北方家庭都可以自己蒸制，不少人为了方便，索性在街上买现成的。（马元浩摄，香港《中国旅游》图片库提供）

一家人围桌进餐反映了中国人重视家庭的伦理观念。（1950年摄，新华社摄影部提供）

汤包、饺子、烧麦……都离不开蒸笼。（杨延康摄，香港《中国旅游》图片库提供）

是席地而坐的。席多为长方形或正方形，有大小长短之分，长的可坐数人，短的仅可坐二人，正方的称为"独坐"，供最年长者或身份、地位最高者一人使用。根据需要还铺设一层或多层小席，以多寡分尊卑。与之相应的，就是一人一张食案，各坐各的位置，各吃各的。坐席有严格的礼仪规范，长幼尊卑不能混乱。据史书记载，曾有过由于同席者失礼，受辱者拔剑割席分而坐之的事情。这种坐席的习俗一直沿用到汉代末年。在四川成都东汉（25—220）墓出土的宴饮画像砖上，就刻有二人或三人同坐一席，席前摆着食案，再现了当时人们的生活场景。

古代中国人的分餐习惯与当时的饮食用具密不可分。到了唐代（618—907），这种情况有了变化，出现了高足长桌、长凳等家具，从敦煌473窟唐代壁画中，我们可以看到，在帷幄中置一个长

能干的家庭主妇在为家人准备节日家宴。（1980年摄，新华社摄影部提供）

桌，桌的四边挂着桌围，上面摆放了勺、筷、杯、盘等餐具、食器。桌两边各列一条长凳，男女数人分坐两边。用高桌大椅进餐逐渐取代席地而坐的方式。在圆凳或高椅上垂足而坐，围坐桌旁会食，这种方式相沿成习，就成了今天中国人最具代表性的饮食习惯。可以说，会食制以及相应的礼仪习俗的出现，是以饮食用具的变革为前提的。

亲朋好友同桌共享美味佳肴，在中国人看来，不是简单的社交活动，而是一种温暖和谐的感情交流。这恐怕与中国人重视血缘、亲族关系的传统观念不无关系。另一方面，中国的传统文化讲究"和"，一桌人共进美食，是人与人之间增进了解和沟通的重要途径，这也是为什么中国人喜欢在宴席上谈事儿的原因吧。而美食家

19世纪末，南方某官宦人家女眷携幼子进餐的情景。（吴友如绘）

对分餐制的顾虑则是出于对烹饪美学的维护，试想，一条完整的清蒸鱼，色香味俱佳，怎么分？头给谁？尾给谁？的确令人头疼。难怪有些美食家担心，若由会食制改为分餐制，会冲击中国烹调术的优良传统，令其失掉一些特有的优势。

近年来，随着自助餐、中式或西式快餐等进餐方式的日益普遍，分餐的方式已顺理成章地进入到中国城市人的日常生活。而随着国际交往的增多，中国人举办的高规格宴会已普遍实行了会食气氛的分餐制。

无论会食、分餐，中餐的菜式都讲究荤素搭配，进食的冷热咸甜亦有先后之分。正式的酒席点菜和上菜的顺序都有名堂。过去讲究一点儿的酒馆、饭店，酒席的菜式都有定规。以北方标准的大桌酒席为例，最先上的通常是四冷盘，多为荤菜，用以下酒，喝酒的人多时会上八盘；接下来上四热炒，份量比冷盘略多，菜色多为应季时鲜，不油不腻、清淡适口；接着上四烩碗，菜中有汤汁，既可保温，又开胃；然后上的才是真正的主菜，多用山珍海味，不仅味道鲜美，烹制手法亦令人叫绝，做盛主菜的餐具也与众不同，过去常用大海碗，而菜量可多达四种；主菜上过之后，是甜菜、甜点、粥饭，最后上的汤菜和水果。如果是吃粤菜，最先上的则是汤菜。如今，这种"定规"只在正式的宴会中被遵循。

家常的滋味

中国人在家中每日三餐所吃的饭菜就是俗称的

【举案齐眉】

随着社会礼制的发展，中国人开始使用小食案分餐进食，经过了不少于3000年的发展，到了唐朝才产生了现代意义的"会食"制，说起分餐进食，有一个成语典故与之有关。《后汉书　逸民传》记载，隐士梁鸿曾受业于太学，后放弃仕途返乡娶妻孟光，携妻前往吴郡（今苏州）为人帮工谋生。梁鸿每日打工回家，孟光都为他准备好了饭菜，并将食案举至额前，恭敬地捧给他。孟光的举案齐眉成了夫妻互敬互爱的千古佳话。

面食有很多种做法，外形就像艺术品。这是一位山东妇女在为全家准备饭食。（1980年摄，新华社摄影部提供）

"家常饭"。家常饭的原料大都就地取材，应季节所产而变。家常饭并不以"菜系"区分，但因中国地域广阔，各地的物产、生活习惯不同，客观上造成了风味各异的状况。

　　通常来说，一日三餐中国人最重视的是晚餐，而早餐最为简单。在中国人的早餐桌上，最常见的食物是包子或馒头配一碗稀粥一碟咸菜；馄饨、热汤面和米饭炒菜次之；而油条豆浆，虽说也是标准的早餐之一，却很少有家庭自制，要到早点铺买；也有一部分城市人以牛奶、麦片、面包、鸡蛋、火腿为早餐。鸡蛋、豆腐是早餐中最普遍的蛋白质来源，做法也不复杂。中、晚两餐，除米、面主食外，一般配以炒菜、汤、粥类。家庭食物的制作通常由家中主妇承担，但在双职工家庭，男人下厨做饭的情况也不少见。

　　与西方不同的是，中国以汉族为主的大多数民族每天喝的乳类饮料并不多，而在西北部少数民族聚居区，乳类制品是非常重要的日常饮食。

　　以面食为主的地区，可以用小麦粉、玉米面、高粱面、豆面、荞麦面、莜麦面做成形式多样的面食，根据个人的口味偏好，有炒着吃的、炸着吃的、焖着吃的、蒸着吃的、烩着吃的、煨着吃的等。在中国的面食之乡山西省，有据可查的面食就有280多种。

　　以稻米为主食的地区，煮上一锅香喷喷的大米饭一家人共享是再平常不过的事了。可是常年如一日，难免单调。于是人们就花心思变换菜肴的搭配和做法，蒸、煮、炒、烧、煎、炖，不同的烹调手段做出的菜肴，口感、味道都相差很多。在日常生活中，中国人一般不会餐餐吃大鱼大肉，更多的是吃经济实惠的时令青菜。青萝卜、白萝卜、水萝卜、胡萝卜……东西南北各地都有，一年到头都能吃到，萝卜可以生吃、煮食、炒吃、腌制等等。而白菜、菠菜、油菜、芹菜、韭菜、芥菜等食茎叶的蔬菜统统归在"青菜"名下，普通的做法不外乎凉拌、烹炒、煮炖几种，也有配少量的肉或蛋一起翻炒的。豆腐最常见也最简单的吃法，是用佐料凉拌或用白水滚煮，然后蘸酱油、麻油等佐料吃，油煎、汤炖、烧制的豆腐菜也比较普遍。在世界各地的中餐馆经常能吃到的麻婆豆腐，简单的做法是将豆腐切成小方块儿，在辣椒、豆豉做的酱汁与麻椒、葱、蒜一起翻炒，再加入炒过的肉末，以少量高汤烧制而成。除了豆腐，种类繁多的豆制品也是四季无分的家常菜原料。

中国人习惯把荤食概括为"鸡、鸭、鱼、肉"，猪肉是以汉族为主的大多数民族最普遍的日常肉类食物。过去是因为难得，现在

20世纪70年代末的上海某街道菜市场。（1978年摄，新华社摄影部提供）

晾制干菜是许多地方农民的生活习惯，至今仍在延续。（1961年摄，新华社摄影部提供）

是因为常吃，因此，有关猪肉的烹调方法非常多。炒肉、红烧肉、白切肉、回锅肉、扣肉、米粉蒸肉、水煮肉等，是较为常见的家常菜。在日常炒菜中，许多人喜欢用少量的食用淀粉加佐料提前腌制，以使下锅炒制的猪肉口感更鲜嫩。

中国饲养鸡的历史相当长，视鸡为美味、视鸡汤为强身健体的滋补佳品的习俗古已有之，清蒸、清炖、红烧、白斩、黄焖……做法不下数十种，单单鸡的菜谱就可以洋洋成册了。普通的北方人家，很少做鸭肉，著名的"北京烤鸭"是要到专门卖烤鸭的饭店才能吃到的；而最会吃鸭的地方是江浙一带，那里的"盐水鸭"、"老鸭煲"不仅是大饭店的招牌菜，很多家庭主妇也做得很好。鱼的做法也很多，一般来讲，新鲜的鱼用来清蒸或清炖，差一点的用来红烧或做糖醋

家常菜品讲究荤素搭配，合理膳食。（Roy Dang摄，Imaginechina提供）

鸡蛋是中国人食物中动物蛋白的主要来源。（1959年摄，新华社摄影部提供）

人们普遍相信鸡汤的营养价值。（刘建明摄，香港《中国旅游》图片库提供）

豆腐有很多种做法，可红烧，也可烧制成麻辣口味的。（Roy Dang摄，Imaginechina提供）

鱼。牛羊肉是西部少数民族的主要食物，最常见的做法是烧烤，而在大多数汉族人的家庭里，除了爆炒、酱卤、炖以外，最普遍的做法就是切片放在沸腾的火锅里"涮"了。

各地都有经过风干晾制或盐水腌制的蔬菜、豆类、蛋或肉类做成的小菜，这种为储存而创制的食物，随着生活条件的改善，在越来越多的地方已经不再占据餐桌上的醒目位置，而退居为调剂口味的点缀。

节令美食

说起饺子的历史，可用"悠久"来形容。有关饺子的记载最早出现在汉代。20世纪60年代在中国新疆发掘的一座唐代墓葬中，出土过一只木碗，碗里盛着保存完整的饺子，是迄今为止发现的最古老的饺子。

自古以来，作为汉民族发祥地的黄河流域地区，就有一系列吃饺子的习俗，除夕夜吃饺子，破五（农历正月初五）吃饺子，入伏（每年7月中下旬）吃饺子，冬至（12月22日前后）吃饺子……俗话说"好吃不过饺子"，这句话反映了那里的人们对饺子的喜爱。在过去很多年里，吃一顿饺子是"改善生活"的同义词。

民间春节吃饺子的习俗在明清时已相当盛行，特别是在北方。时至今日，每逢新春佳节，包饺子、吃饺子仍然是家家户户不可缺少的饮食活动。除夕之夜，一家人围坐在一起，和面、拌馅、擀皮、包、捏、煮，其乐融融。这顿饺子与一年中的其它饺子不一样——

【年节与食物】
　　距离现在最近的封建王朝清朝，全国性的年节主要有元旦、立春、端午、中秋、重阳、冬至，与之相应的饮食传统影响至今：
元旦——饺子、元宵
立春——春饼、春盘
端午——粽子
中秋——月饼、瓜果
重阳——菊酒、花糕
冬至——馄饨

逢年过节吃饺子是很多北方家庭的习俗。（1962年摄，新华社摄影部提供）

饺子包好了，就守岁，等到半夜12点开始吃——新年的第一餐就是饺子。饺子饺子，交在子时，有辞旧迎新之意，吃饺子取"更岁交子"的含义，"饺子"也因此得名。饺子象征着团圆、喜庆，也因此成为中国家喻户晓的民俗美食。

饺子的做法有煮、蒸、煎三种，种类以饺子馅区分。家常饺子，猪肉馅最为普遍，将猪肉切碎剁末，加麻油、葱、姜、酱油等调料腌拌，临包前，再把切好的菜丁菜末混入，撒上盐。也有用羊肉末、牛肉末做饺子馅的，考究的饺子馅首推"三鲜"，用海参、虾仁、猪肉切碎做馅。饺子好吃与否，饺子皮的功劳占四成——和面的水要恰好，和面时要揉得充分，揉好了面团还要放一放以利水和面更均匀地融合。这样做的饺子皮软硬适度，既易黏合又不易破损，吃起来口感香软润滑。

正月十五闹花灯（汪人摄，Imaginechina提供）

表现元宵节喜庆气氛的年画作品《庆赏元宵》（王树村藏）

包饺子是件费工费时的事，于是近些年就有了专卖饺子皮和饺子馅的生意，食品超市还供应已包好的各种口味的速冻饺子，吃饺子也更方便了。

背着猪腿回家过节的农民
（朱剑摄，香港《中国旅游》图片库提供

在中国南方，春节的第一顿饭一般不吃饺子，而是汤圆、年糕、面条等。中国的许多少数民族也有过春节的传统，有本民族独特的节日食品。回族人正月初一吃面条和炖肉；彝族人吃"坨坨肉"、喝"转转酒"；壮族人要吃5斤多重的大粽粑；蒙古族人围着火塘吃水饺，必须要剩酒剩肉，这样来年才会富裕……

春节的喜庆气氛要持续半个月，直到农历正月十五，这一天是中国又一个重要的民间传统节日——元宵节。元宵之夜是农历新年的第一个月圆之夜，大街小巷张灯结彩，人们赏灯、猜谜、吃元宵。南方人称元宵为"汤圆"。元宵的主要成分是糯米，它黏度大，吃起

来要细嚼慢咽，一次不能吃得太多。

元宵的品种和吃法比较丰富。北方的元宵是把做好的桂花、玫瑰、豆沙、芝麻等各种馅放在干糯米粉中摇滚而成，少有咸味；而南方的汤圆是把糯米粉和好，再包上馅，甜咸荤素应有尽有。

农历五月初五端午节，粽子是应节食品，东西南北都有此风俗。端午节在中国有2000多年的历史了，传统上有在家中贴钟馗像、挂艾叶，成人喝雄黄酒，小孩佩戴香包以辟邪保平安的习俗。端午节全国各地都有吃粽子的习俗，只是口味和形状上南北有别，北方人喜欢用枣、豆沙、果脯等甜料作馅，团上糯米，用苇叶包成三棱形。南方的粽子，馅料不仅有豆沙，还有菜、蛋、肉，咸甜口味的都有，形状更多变。

仅次于春节的第二大传统节日当属中秋节。中秋节，也就是农历八月十五那一天，吃月饼，就和端午节吃粽子、元宵节吃汤圆一样，是全球华人的传统习俗，因月饼形如圆月，有象征团圆之意。每逢中秋，皓月当空，阖家团圆，品饼赏月，尽享天伦之乐。月饼和粽子一样是点心而非正餐，尽管如此，风味却很多，馅心就有五仁、莲蓉、蛋黄、豆沙、芝麻、火腿等数种，口味分甜、咸、又咸又甜、麻辣等数种。传统的京式月饼，作法如同烧饼，外皮香脆可口；苏式月饼是酥皮月饼，外皮吃起来层次多且薄，酥软白净、香甜可口；广式月饼的外皮和西点类似，以讲究内馅著名。因为中秋前人们喜欢以月饼作为馈赠亲朋好友的礼物，近年来，月饼的包装和外观越做越精致。

肉粽子（SCMP摄，Imaginechina提供）

中秋节前后出现在街头的巨幅月饼广告（杨晞摄，Imaginechina提供）

中国的传统节日，除了上述"一年四节"的饮食最具传统特色外，民间一些节令饮食也很有特色。如一些地区农历二月初二有吃"龙须面"的传统；公历4月5日前后的清明节要禁火吃冷食；农历七月十五是中元节，很多地方以面人、面羊祭祖宴客；农历九月初九是重阳节，许多地方仍保留着吃花糕祝福老人健康长寿的传统食俗。

一年匆匆又岁末，农历十二月初八这天，中国南北各地都有吃"腊八粥"的风俗，但做法上略有不同。北方人喜欢用各种杂粮和豆，南方人则要加上藕、莲子、荸荠等。不管哪种做法，红枣和栗子是必不可少的，"枣"是"早"，"栗"是"力"，意味着早下力气，争取来年五谷丰登。随着生活水平的提高，平常人家的腊八粥原料也越来越丰富，比如加进桃仁、杏仁、瓜子、花生、松子、葡萄干等，煮出来的腊八粥更精细可口有营养。上好的腊八粥具有健脾开胃、补气养血、御寒的功能，是中国有特色的冬季补品。

有趣的食俗

　　中国是一个多民族的大国，由于受到地理环境、气候、物产以及宗教信仰、社会历史等因素的影响，每个少数民族都形成了独具特色的饮食风俗。比如，以畜牧业为主的少数民族，习惯吃牛羊肉和各种奶制品，饮奶茶；而从事农业生产的少数民族南方的大多以稻米为主食，北方的则以面食和杂粮为主食；生活在寒冷地区的少数民族爱吃蒜，居住在气候潮湿地区的少数民族偏爱吃辣；信仰伊斯兰教的回族、维吾尔族等不吃猪肉，还禁食凶猛动物、死动物；受藏传佛教影响的藏族不吃鱼……如果不了解这些风俗和禁忌，在与这些少数民族交往的过程中就可能出现尴尬的场面。

　　许多人都听过这样的故事：一个旅行者在一望无际的内蒙古大草原，背着一条羊腿策马漫游，日落时分，他看见一个蒙古包，就下马投宿。主人把客人带的羊腿解下来放在一边，然后在自家羊圈

海南苗族婚礼的送亲队伍（古月摄，Imaginechina提供）

中牵出一只羊宰烹待客。酒足饭饱后，客人随主人一家同住蒙古包里。第二天主人送客人上路，却给他换上了一条新的羊腿。旅行者在草原上走了一大圈，离开的时候还背着一条羊腿，而这羊腿已不知换过多少次了。

这个故事想必不假。因为蒙古族人的热情好客是出了名的，而羊肉又是蒙古族牧民待客的主要食品。按当地习俗，不分远亲近邻，不管常客还是初次相识，客人来了都要现杀羊。杀羊时把羊牵到客人面前，请客人看过，客人点头允许后再去宰杀，叫做"问客杀羊"，以示对客人尊重。而有关羊肉的各种吃法中"手抓肉"应是最有传统最具民族特点的。

"手抓肉"就是不加任何调料用白水清煮的羊肉。煮熟后，大块的羊肉肥厚多汁，热气腾腾，香气四溢。当地的蒙古人喜欢一手"把"着一大块肉，一手用蒙古刀割着吃。要是来了尊贵的客人，就要摆全羊席了，也叫"羊贝子"，即整只羊在锅里煮。当地人吃一般只煮30分钟，一刀切下去，会有血水渗出来；若用来招待汉族客人，通常要多煮十几分钟。吃肉离不开酒，蒙古人无分男女多擅豪饮，宴席上，主人斟满三银碗的酒，手捧白色的哈达，高唱祝酒歌向客人敬酒以示真诚。按蒙古人的习俗，客人要先用右手中指蘸上少许的酒，向上向下各弹一次，表示敬天地，然后将碗中的酒一饮而尽，如果过分推辞，会被视为有失诚意。

西藏以其特有的高原风貌、民族风情吸引着越来越多的中外游客，而藏民的饮食风俗也是旅游者津津乐道的主题。凡是去过西藏的人，都喝过酥油茶。藏族是以酥油茶敬客的，客人必须喝三碗，三碗之后，如果不想再喝，可将茶渣泼到地上，否则主人会一直劝客人喝下去。藏族的食物以青稞面、酥油茶和牛羊肉、奶制品为主，一个藏民家的富裕程度，取决于他们的储备粮，而不是肉和

藏族妇女煮酥油茶（石冰摄，香港《中国旅游》图片库提供）

奶，因为肉和奶家家都富足，不稀罕。藏民一般不吃马、驴等奇蹄类牲畜，也不吃鱼和鸡、鸭、鹅等禽类，而喜欢吃偶蹄类的猪、牛、羊，尤其是风干的牛肉。在西藏高原，食品不易霉烂变质，去水又保鲜的风干牛肉在藏区极为常见。每年秋季，藏民们把鲜牛肉割成条穿成串，撒上食盐、花椒粉、辣椒粉、姜粉，挂在阴凉通风处风干，味道麻脆酥甘，酸香适口。

中国的西南部是少数民族的重要聚居地，这里民族众多，饮食风俗也千姿百态。但潮湿的地理气候使这里的饮食整体上偏好酸辣味和风干熏腊食品。

分布在云南、广西、湖南、江西、广东、海南等地的瑶族人常在米粥或米饭里加玉米、小米、红薯、木薯、芋头、豆角等，由于多在山间耕作，食品的制作都要便于携带和储存，因此主食、副食兼备的粽粑、竹筒饭是他们喜爱的食品。耕作期，瑶族均就地野餐，大家凑在一起，分享各人带来的菜肴，主食却不共享。瑶族人大都喜欢喝酒，一般人家都备有用大米、玉米、红薯等自酿的酒饮，每天喝两三顿酒在瑶族人看来非常正常。

居住在贵州、湖南、湖北、四川、云南、广西等省区交界地带的苗族，普遍喜食酸味菜肴，酸汤家家必备，制作方法是将米汤或豆腐水放入瓦罐中三五天发酵后，用来煮肉、煮鱼、煮菜。

广西南丹县"白裤"瑶族葬礼时的族宴场面（徐立宇摄，香港《中国旅游》图片库提供）

云南泸沽湖畔行成人礼的摩梭少女站在猪膘肉上。（李学智摄，香港《中国旅游》图片库提供）

食物的保存普遍采用腌制法，蔬菜、鸡、鸭、鱼、肉都喜欢腌成酸味的，几乎家家都有腌制食品的"酸坛"。苗族酿酒历史悠久，从制曲、发酵、蒸馏、勾兑、窖藏都有一套完整的工艺。

贵州侗族人特别喜欢酸食，家家都有酸白菜、酸竹笋、酸猪肉、酸草鱼，有一首侗族民谣这样唱道："做哥不贪懒，做妹不贪玩，种好糯米饭，腌好草鱼酸，人勤山出宝，家家酸满坛。"此外，侗族的腌鸭肉酱、腌鱼、腌姜也颇有名气，特别是腌鱼，要密封储存埋在地下三年，甚至七八年才启封。

白族是西南各少数民族中最注重节庆饮食的，几乎每种节日都有几种应节当令的食品。春节吃叮叮糖、泡米花茶和猪头肉，三月节吃蒸糕和凉粉，清明节吃凉拌什锦和炸酥肉，端午节吃粽子喝雄黄酒，火把节吃甜食和各种糖果，中秋节吃白饼和醉饼，重阳节吃肥羊……生活过得丰富多彩。

云南佤族妇女舂米的劳作场面（廖国忠摄，香港《中国旅游》图片库提供）

羌族人房屋的上层用以存放粮食等杂物。（叶志钊摄，香港《中国旅游》图片库提供）

壮族是中国少数民族中人口最多的一个民族，主要聚居在广西，云南、广东、贵州、湖南也有少量分布。大米、玉米是壮族地区盛产的粮食，自然也是他们的主食。壮族对任何禽畜肉都不禁吃，有些地区还酷爱吃狗肉。壮族人习惯将新鲜的鸡、鸭、鱼和蔬菜制成七八成熟，菜在热锅中稍炒即出锅，以保持其新鲜。米酒是壮族人过节和待客的主要饮料，在米酒中配以鸡胆即为"鸡胆酒"、配以鸡杂即为"鸡杂酒"、配以猪肝即为"猪肝酒"，饮鸡杂酒和猪肝酒时要将酒水一饮而尽，鸡杂、猪肝则留在嘴里慢慢咀嚼，既可解酒，又可当菜。

中国的东北三省也聚居着几个少数民族，有代表的当属朝鲜族。朝鲜族的食品讲究鲜香脆嫩、辛辣爽口，用料大都是鲜活原料中最为细嫩的部位，多采用生拌、腌制、汤煮的烹调方法。生拌牛肉丝、生拌牛肚丝、生拌鲜鱼片等，都是朝鲜族的传统风味。而朝鲜泡菜更是久负盛名，泡菜的用料极其简单，就是大白菜、萝卜、辣椒、生姜等，加盐腌制而成，清新鲜嫩，香甜酸辣咸五味俱全，与汉族民间小菜相映成趣。

生活在黑龙江三江平原一带的赫哲族，是中国北方惟一以狩猎为主、使用狗拉雪橇的民族，他们的饮食也颇具古风，至今还保留着生食习俗。最有特色的就是"杀生鱼"——用生鱼肉拌上用开水烫过的土豆丝、绿豆芽、韭菜，以及

贵州侗族男子在谷场劳作的间歇吃午饭。（曾宪明摄，香港《中国旅游》图片库提供）

辣椒油、醋、盐、酱油，吃起来清香鲜嫩。大兴安岭深山密林中的鄂伦春族和鄂温克族，身居"天然动物园"，保持着"食肉饮酪"的原始食风，鹿奶鹿肉、狍子宴、雪兔肉、野鸡等都还可以经常吃到，而这些在内地已是极为难得的人间珍馐了。

信仰伊斯兰教的回族遍布全国，他们虽与汉族杂居，但无论走到哪里都保持着自己独特的饮食习惯。他们以米、面为主食，喜食面制的面馍、烙饼、包子、饺子、汤面、拌面。与汉族人相比，回族饮食最大的禁忌就是不吃猪肉，此外，还忌食狗、马、骡肉、无鳞鱼，忌食一切未经屠宰而死的动物肉，饮酒也被严格禁止。由于饮食禁忌甚严，在城镇中，回族都有自己开的清真餐馆，不与其他非伊斯兰教民族混合用餐。因此，回族清真菜在众多少数民族菜肴中独树一帜，也诞生了许多清真名菜、名点、名饭店，像"爆三样"、"清蒸羊肉"、"黄焖羊肉"、"羊筋菜"都是特色佳肴，

一个维吾尔族的小伙子在烤羊肉串 (Frederic J. Brown摄，Imaginechina提供)

而东来顺、鸿宾楼、烤肉季等清真餐馆在中国的许多城市乃至国际上都享有盛誉。可以说，回民清真菜的发展对整个中国饮食和烹饪技艺都有很大的影响和贡献。

吃的礼仪

中国素有"礼仪之邦"的美誉。据古典文献记载，早在2600年前，这个重视吃的民族就已经形成了一套相当完善的饮食礼仪制度。古人宴请宾客时都要设席，如果人数较多，长者或尊者须设一席独坐；偶尔与其他人同坐一席，重要的人物也要坐在首端。南北向放的席子，以西位为首；东西向放的席子，以南位为首。同席的人还须地位相当，否则就是失礼。客人落座前，还要看席位摆得正不正，如果不正须调正后方可入座，否则被视为不吉。无论主客，入座时都要面容安详，两手提起衣袂离地一尺，落座后上衣不可掀起，脚不能乱动。

俄国19世纪著名作家契诃夫曾经请一位中国人到

一幅剪纸画表现了一个家庭美满幸福的生活。（鲁忠民摄）

【《食时五观》与美德】
中国人餐前虽然没有宗教性的祈祷仪式，却也有借饮食检视、反思个人言行思想的传统。几乎在幼儿呀呀学语的时候，大人们就会教孩子背诵"谁知盘中餐，粒粒皆辛苦"的古诗。而北宋文学家黄庭坚撰写的《食时五观》至今也是一些人自觉对照的范本：一，饮食时要懂得食物来之不易而珍惜；二要反省自己的行为是否与得到的饮食相匹配，如果有所欠缺，应感到羞愧，不能放任、贪求；三为了更好地修养身心，饮食不能贪、嗔、痴；四要认识谷物、蔬菜对人体的营养作用，了解饮食与养生的关系并加以奉行；五要让自己在任何情况下都有抱负有理想，让自己有所贡献而与所得的饮食相称。

陕西民间丰盛的祭献活动（杨延康摄，香港《中国旅游》图片库提供）

中国城市人的婚礼一般采用中西合璧的形式。新郎新娘在婚宴上要向客人一一敬酒。（刘力群摄，Imaginechina提供）

酒店里喝烧酒，描述说，"他在未饮之前举杯向着我和酒店主人及伙计们，说道'请'。这是中国的礼节。他并不像我们那样一饮而尽，却是一口一口地啜，每啜一口，吃一点东西；随后给我几个中国铜钱，表示感谢之意。这是一个怪有礼的民族……"这是两个世纪前，一个外国人对中国人的评价。中国传统的宴会礼仪很是繁琐，而且越隆重的场合礼节越细。

这种礼仪流传到现代，形式上已发生了变化，在比较正式的酒会宴会上仍免不了一番礼让才各入其座，入座也有入座的规矩。一般来说，尊者、长者、主人或主人最重视的客人的位置，是坐北朝南或正对着门的座位。入座的

尊老爱幼是中国人的传统美德。四四方方的餐桌让人感受到浓浓的人情味。（1960年摄，新华社摄影部提供）

先后，一般是长者优先，已婚者较未婚者先入座，生疏的客人较熟识的客人先入座。但酒席的主题不同，入座的规矩也略有分别。如给老人祝寿的酒席，"上座"是老寿星坐，女儿女婿分坐老人东西两边的首席；小孩出生一个月摆的"满月酒"，很多地方都是小孩子的外婆坐"上座"；而婚宴的"上座"一般都留给新娘的舅舅。

中国人居家吃饭并不提倡顿顿喝酒，但在宴会上酒是万万不能少的。客人入座后，主人要先向客人祝酒，口称"先干为敬"，主客共饮；无论主客，添酒都要添满。如果不能喝酒，要事先声明，以避免出现尴尬的场面。

在摆放菜肴上，也有一套礼仪规则。一般带骨的菜放在餐桌的左边，纯肉菜放在餐桌的右边；饭食靠左手放，羹汤、酒、饮料靠右手放；烧烤的肉类放远些，醋、酱、葱、蒜等调料放在近处。上

菜是先冷后热，热菜应从主宾对面席位的左侧上。

吃饭时也要守规矩，也就是所谓的要有"吃相"。比如不可将筷子垂直插入饭碗的中央；吃完了不宜说"我吃完饭了"，而应该说"我吃好了"或"吃饱了"；吃饭时避免筷子磕碰饭碗发出声响……中国人从小就被告诫要"站有站相，坐有坐相，吃有吃相"，并且接受各种各样的"吃相"训练——怎样选择座位，怎样礼让三先，如何握筷，如何夹菜，何时可以谈笑风生，何时要沉默寡言，等等。所以，即便是小孩子吃饭也不是一件简单的事——不敢在碗里留下饭粒，怕长大了脸上长麻子（有的家长用这个说法教育小孩吃饭时不浪费一粒米）；吃饭时不能一边同别人交谈一边用筷子指人；夹菜时不能旁若无人地一次夹得太多，也不可频频夹取或在各盘菜上"巡回"挑菜；还不能在把筷子插入菜盘翻来夹去；吃饭时不可啧啧有声，不能狼吞虎咽；喝汤时不能"呼噜呼噜"、满嘴淋漓……"吃相"是中国人尤其是老辈人非常重视的礼仪。

现代人尤其是年轻人，难免觉得这些礼仪过于拘谨繁琐而限制了自由，但不管礼仪多么繁琐，在正规的就餐场合，人们才能遵守礼仪，以使整个宴饮过程和谐有序。

五味调和

如果说饮食的主要目的是强身健体、食物的第一要素是营养的观点，体现了一种科学实用的态度的话，

金代翻刻《重修下政和证类备用本草》插图，表现宋代灶户熬盐生产劳动过程大略情况。

中国人讲究食物色、香、味、形的美，讲求食器的精、环境的雅，则体现了一种艺术精神。因为自古就崇尚"五味调和"，为了获得更丰富的味觉体验，中国人发明了在烹饪中使用调料调出各种味道的技艺。围绕着酸、甜、苦、辣、咸这"五味"，菜肴的口味竟达500种之多。

五味之中咸为首，咸是五味中最单纯、最重要的一味。各种味道要增加口感，都离不开盐，盐有提味的作用。没有盐，什么山珍海味都无法呈现其鲜美滋味，但从保健的角度讲，盐是不能多吃的，过咸的食品有害健康。

酸味也是饮食中不可缺少的，尤其是在中国北方，水硬、碱性大，为了帮助食物更好地消化，做菜时就会经常用到醋，并以此增进食欲。酸还能去腥解腻，在口味偏浓重的宴席上，往往配有酸味菜肴。酸味的种类也很多，不仅梅酸、果酸与醋的酸味不同，就是醋类调料，也由于产地、原料、制法的不同，有很大差别。一般北

20世纪初画在火柴盒上的买水图
（鲁忠民摄）

20世纪初的菜摊、鱼档
（鲁忠民提供）

方把山西产的陈醋视为正宗，而江浙一带则把镇江产的米醋看作正宗。食醋最典型的地方是山西，许多家庭都掌握用谷物、水果酿制成醋的技术，吃饭更是每天都离不开醋。有趣的是，汉语中还用醋表达男女之间产生嫉妒时的情感体验，"吃醋"、"醋坛子"都是南北通用的俗语，想必是与醋本身的酸性特质有关吧。

辣味是五味中最富刺激性、最复杂的一味。有时会"辛辣"连用，实际上辛与辣有很大的区别，辣是味觉，对舌头、咽喉、鼻腔产生强烈的刺激，而辛则不仅仅是味觉，还包括嗅觉的成分。辛味主要是从姜中获取，而辣味一般指辣椒、胡椒的味道。由于辣椒是外来品，中国早期的调味中并没有辣味，而包含在辛味中。姜不仅能驱除异味，还能激发出鱼和肉的美味，所以烹制鱼、肉离不开姜。烹饪时用辣椒也有一定的原则，不过度追求辣的强度，以咸鲜为基础，要辣得有层次感、辣而不燥、辣中有香。此外，大蒜、葱、姜等辛辣调料还有杀菌作用，是凉拌菜肴常用的调味品。

苦味在烹饪时很少单独运用，却是不可缺的。在炖肉煮肉时加上陈皮、丁香、杏仁这些略带苦味的调料，可以去除腥膻气，激发出肉的香味来。中医理论还认为苦味有健胃生津的作用，有人颇好这一口味，川菜中的怪味就包括苦味。

甜味在基本味中具有缓冲作用，如咸、酸、辣、苦太重，都可用甜味矫正。烹制其它味道的菜肴，加糖可以起到提鲜润色的作用，但放糖要适量，以不甜腻为宜。因许多调料都能产生甜味，而且差别不小，烹饪界一般以蔗糖的甜味为正味。

未入"五味"之列而在烹饪中又占有重要地位的是鲜味，"鲜美"被用来形容饮食中最美的味道。一般说来大部分食物都有鲜味，多通过煮汤获得，比如用鸡肉、猪肉、牛肉、鱼、排骨等原料煮汤，在煮的过程中清除其腥臊异味，然后稍加盐，则鲜味全出。鲜汤不仅可直接食用，还用来烹制本身无味或味道淡的食物，比如鱼翅、海参、燕窝、豆腐、面筋等，必须用鲜汤烹制，才能使滋味鲜美。味精是人工制造的鲜味，因为是人工合成，无法与自然调和出的鲜汤相比，所以高明的厨师往往不屑使用。

中国烹饪精于调味，不仅有高超的烹调技艺可以调和各种自然的味道，更因为有大量可供使用的调味原料。除了盐、醋、糖、鲜汤等有代表性的调味料外，酱、酱油、酒、腌菜、豆豉、腐乳、臭豆腐等也都是中国人烹制菜肴时经常使用的调料。

用豆子发酵制成的酱，在中国古代的地位很高，最初曾是上等

这幅清代民间风俗画描绘了一位北京街头卖豆腐的商贩。豆腐脑放在挑担之后，担前木笼上放一木板，碗勺和调料置其上。（王树村提供）

食品，宴请贵宾时，一定要配酱。吃什么肉，配什么酱，有经验的食客只要看到端上来的酱，便知晓将会吃什么美味。后来，酱发展为重要的调味品，在此基础上，诞生了酱油、豆酱、豆豉等调料。豆制调料是极具中国特色的调味品，在中国烹饪史乃至世界烹饪文化中占有重要的一席之地。

用酒调味也是中国烹调的一大发明。酒不仅能消除鱼、肉的腥臊异味，还能产生一种鲜香。炒菜时洒些料酒，菜的美味在瞬间的酒香热气中散溢出来，炒出来的菜香嫩可口。

除了中国人，不知道世界上还有哪儿的人喜欢吃臭味食品。西方人的奶酪似乎和臭味沾点边，不过比起中国人的臭豆腐可差远了。中国的臭豆腐，闻起来臭，吃起来却有一种独特的香味，而且南北方出产不同口味的臭豆腐。北方的臭豆腐一般作为调料，南方的臭豆腐从本质上来说，已经是一道菜了，从选料到制作，都极为讲究。

中国的烹饪技术是一种味觉的艺术。单一的味道给人的感受并不尽善尽美，五味要经过调和，才能取长补短，相互作用，令人回味无穷。在具体烹饪实践中，厨师要根据食客口味、季节特点以及保健功能，在烹饪调味中灵活变化。就说用盐，一桌菜肴，先上桌的菜，按照平时的用量放盐，随后一道道菜放的盐就要逐渐减少。到最后上桌的那盆汤，一般是不放盐的。当然吃宴席的人不曾知道其中的细腻变化，只是觉得口感适合。不同的风味的菜系，运用的原料，大同小异，使用的烹饪手段，也无非是炒、炸、蒸、煮等，主要的差别，就在于味道调制的不同。调味的方法极其细腻，调料的使用比例、下料次序、调料时间（烹前调、烹中调、烹后调），都要恰到好处。或先或后，或多或少，相差甚微，却有一定的准则，太早不行，太迟也不行；太多不行，太少也不行。人们喜欢某

超市里供应时令蔬菜（是慧明摄，Imaginechina提供）

一种菜，说到底，还是喜欢这种菜的味道。

食无定味，众口难调。的确，每个人的口味都不一样，有人喜欢原汁原味，清炖清蒸，鸡要有鸡味，鸭要有鸭味；有人却欣赏复合味，烧成"怪味鸡"、"怪味鸭"；有人喜欢味浓的菜，有人偏爱清淡的菜。

现代中国人，尤其是城市居民，口味日趋清淡平和，而强调鲜嫩本味的粤菜似乎迎合了这种口味的变化。烹制粤菜，一般不用浓醋浓酱油，油、盐、糖的用量也极少，突出的是原料的本味鲜味，讲究点到为止，分寸适度。现代都市人的这种口味，想必与生活水平的提高有很大的关系。过去食物来源不足，保鲜技术有限，只有依靠各种调料来弥补食物本味鲜味的不足。如今，"汤浓、味重、油足"已经不再是当代人对于好菜好味道的标准了。

另外，由于地域气候、生活习惯的不同，人们在饮食口味上的差异也很大。中国人还有按时令调味的传统和习惯，比如，春天万

59

物萌发，食物最容易受细菌污染，拌凉菜时就放些酸醋和蒜蓉；夏天水分消耗多，喜欢吃些碱性而略带苦甘味的东西，比如苦瓜、芥菜；秋天，多吃热量高而带香辣麻辣等刺激味的食品；冬天，需补充高热量的厚味食品。

五味调和，首先是为了滋味，即为人的口舌带来直接的感受，同时对人的肌体有重要的调节作用和保健功能。中医理论认为，辛味，具有宣散润燥、行气血的作用，可以用来治疗感冒、筋骨寒痛、肾燥等；甜味，有补益、缓急的作用，可改善心情，蜂蜜、红枣还是身体虚弱病人的营养品；酸味，有涩肠止泄、生津止渴的作用，熏醋预防感冒、醋煮鸡蛋治疗咳嗽等民间秘方，已被现代医学证明效果不错；苦味，可清热、明目、解毒。五味调和是身体健康、延年益寿的重要条件。

总之，所谓"五味调和"，应该包含下列三层意思：一是每一种菜肴应有自己的独特风味，而一桌菜肴，要注意各种味道的搭配，要在总体上协调平衡；二是要浓淡适宜，调味品要各尽所能，促使菜肴的滋味更丰富多样；三是进食时，不可偏重某一口味而过量食用。"和"是中国哲学思想的精髓，有"和谐"、"和平"、"调和"等多重含义。"和"也是中国烹饪艺术追求的最高境界。五味调和的烹饪理念、烹饪技艺，折射出中国人讲求适度、平衡、和谐，重视自然的思想。

美食的秘密

中国古代把以烹调为职业的人称作"庖"，现代称作厨师。与名扬海外的中国菜相比，这些美味的创造者，大都默默无闻，名不见经传。在中国历史上，彭祖和伊尹算是比较有名的厨师了。其中，伊尹（生卒年不详）是有文字记载的第一位名厨，也是商代的一位丞相。他不仅博学而有韬略，而且以高超的烹饪技术深得执政者的信任。每到宗庙举行祭祀的时候，伊尹就会从调味到烹饪、到天下美食，分门别类、详细地跟商王讲述膳食，并阐发出许多治理天下的哲理，因此被民间奉为"厨神"。后来历史上有人因厨艺高超而得到高官厚禄的，但得此殊荣的毕竟是少数，更多的"庖"还是服务于达官贵人。

但在中国民间，厨师一直都是受人尊敬的职业。厨师们立身处世，靠的是自身的技艺和绝活。服务于普通百姓的，是大众餐馆里的厨师，古代称之为"市厨"。随着饮食业的发展，厨师的分工越来越细，也就

【"咬菜根"励志】

中国古代知识分子有崇尚淡泊养性的价值观，认为清苦的物质生活可以锻炼人的意志，培养良好的品德，同时可以激励人进取有所作为。明代洪应明的笔记《菜根谭》取"人常咬得菜根，即百事可做"的典故，记述了在一日三餐的日常生活中品味出的人生哲理，不仅为当代的中国读者所喜爱，还成为日本、韩国等亚洲的畅销书。

安徽古民居中的厨房灶头
（徐学哲摄，香港《中国旅游》图片库提供）

有了烹调师、面点师等新名词。厨师技艺的传承也不再是过去单一的师傅带徒弟，言传身教，而是作为现代职业教育培训的一个重要专业，在专门的职业学校中学习，并可获得《中华人民共和国职业资格证书》。这个专业的学生不仅要学习烹饪技术，还要学习营养学的基础知识。而厨师的晋级则要通过专业测评。

在家主持烹调的主妇，古代称作"中馈"，虽不算厨师之列，但手艺好的，惹得好吃者垂涎也是常有的事。而且古代女子学习厨艺，还是出嫁前"家政教育"的必修课之一。今天，现代女性走出家庭进入职场的现象已相当普遍，但做得一桌好饭菜的主妇仍被视为家人的荣幸和骄傲。

说到对发展中国饮食文化最有贡献的一群人，不能不谈到美味佳肴的鉴定者、总结者——古代的文人士大夫。正是通过他们的记述，厨师的技艺才得以流传，而且他们的文化修养和细腻的审美感受，将中国的烹饪技术提高到艺术的境界。有时他们还亲自参与菜式的创制，比如中国宋代的文学家苏东坡（1036—1101），知味善尝，他独创的"东坡肉"味美色香，是一道传世名菜。而清代诗人袁枚（1716—1797）更在他的著作《随园食单》中详细记述了中国14世纪到18纪世纪中叶的326种菜肴饭点，山珍海味，一粥一饭，味兼南北，为中国的饮食文化保存了一份珍贵的史料。他以精妙的点评和丰富的烹饪知识，被后人奉为品位至高的美食家。而传统上，富有的人家都雇有自家的厨师，从日常饮食到大小宴会都由他们打理。富裕的人家设宴通常都在家中举行，不去饭馆。所以谁要是能雇到技术一流的名厨，也是一件值得炫耀的事情。在这样的社会风气带动下，厨师的厨艺整体上得到了长足的发展。

厨师的烹割之术，包括配料、刀工、火候和具体的烹调方法。在日常生活中，用来做菜肴的原料有蔬菜、鱼虾、肉类、禽蛋等几

清真饭店的厨师在厨房做菜。（李壁蕙摄，香港《中国旅游》图片库提供）

类，而所谓的厨艺，主要就是适宜的调味料对这四样原料的合理搭配和烹制。吃中餐与西餐不同，比如吃西餐里的牛排，点菜时，侍者一定会问：烤还是煎？几成熟？五成？七成？全熟？厨师完全按食客的要求煎烤，并不加调料。调料要在牛排上桌后，由食客自己加。撒多少盐或者胡椒粉，浇多少柠檬汁或西红柿汁，全看食客的口味。点中餐时却要依现成的菜谱，菜怎么做，是煎是炒，是煮是蒸，生熟老嫩，放不放辣椒，淋不淋醋，加多少油放多少盐，除非客人主动提出要求，否则一切都交给厨师决定。因此同一道菜、同一位厨师，做法总体上是不会有什么大的变化的，无论什么人来吃，基本上是相同的味道。

配料，是中国厨师的首要技艺，是做好美食的基础。配料，要精要细，要考虑原料的性质，如品种、产地、生长期，又要考虑到成菜后的色、香、味和色彩、形状、口感的搭配等等。比如"北京烤鸭"，一般选用北京产的"填鸭"，体重2.5公斤左右，过大则肉质老，过小则不肥美；"滑溜肉片"，要选用猪的里脊部位的肉；

做中餐最讲火候。

（屈敏摄，Imaginechina提供）

"荷叶粉蒸肉"，选用肥瘦适中的五花肉；而西红柿与鸡蛋合炒，红黄相间，色彩突出。在菜肴形状上，一般要丁配丁，丝配丝，尽量保持一致；口感上一般是软配软、脆配脆、韧配韧，如鱼烧豆腐、蒜薹炒鱿鱼等。有时还要根据菜肴风味，对选料进行特殊处理，如杭州名菜"西湖醋鱼"，用的是当地淡水湖中的活草鱼，虽然鲜美，但肉质松散有泥土味，因此要先装入特制竹笼，放在清水中"饿养"两天再烹调，以求其色鲜肉嫩。

当然，各种菜肴原料的搭配还是以是否有益于健康为首要考虑的。比如萝卜有去热消火的效用，所以和性热的羊肉搭配就很合适；菠菜、西红柿含有较多的酸性物质，如果与含钙较多的豆腐合炒，形成钙盐，则不利于肠胃吸收。

烹饪的火的强弱、食物在火上烹煮的时间长短，就是中国人所说的"火候"。火候，是中餐烹调中最重要的一环，同时也是最难把握的。煎炒要用旺火，不然炒出来的菜就会疲软；煨煮要用温火，时间较长火力太猛，食物就会干瘪；油炸则时间不能太长，否则会变老变味。做鱼最讲火候，烧得最好的鱼，吃的时候色应白如玉，肉凝不散。有些食物是可以愈煮愈嫩的，比如鸡蛋和腰子。有些食物却多煮一下都会口感老硬，如鲜鱼和蛤蜊等水产。火候瞬息万变，没有多年实践经验很难做到恰到好处。因此，掌握适当火

候是中国厨师比试技艺高低的重要指标，能否成为名厨，这一关非常关键。有经验的厨师要嫩就嫩，要酥就酥，能做到甜酸咸辣淡恰到好处。比如炒猪肝，一定要用旺火把油烧到七八成熟，油要冒青烟，猪肝入锅，快速翻炒，勾芡，再炒颠簸两下即成。火力不足，热度不够，猪肝就会由嫩变老；相反，火力太旺，油锅太热，猪肝一爆炒，也会影响嫩度。

火候，从字面上看，是指燃料燃烧的火力情况，但在烹调中却不是如此简单。烹饪的原料、炊具，以及传热介质都与火候有关。现代人烹调食物，用的都是天然气或煤气炉；古人烹调食物用柴火，就考究多了，他们用不同的木柴煮饭，以达到风味不同的效果。比如用桑柴火炖老鸭或其它肉类等更容易烂，而且解毒；用稻火煮饭，据说还有安神的功效；用麦秸火，则能消渴润喉、利小便；用松柴火煮饭则壮筋骨，但不宜用来煮茶，煮茶要用炭火；用茅草柴火则能明目解毒；熬补药就要用芦苇柴火和竹木柴火等。这些习俗或多或少还保留在一些边远地区，但在城市中已经做不到了。

不过现代人的烹饪器具可以有更多的选择。炒菜需要火力集中，就用圆底炒锅；煎制需火力均匀，应该选平底铁锅；一些炖品，要小火慢炖，如老母鸡炖汤、排骨炖萝卜、银耳莲子汤等，中国人习惯用砂锅。

贵州侗族人将烧饭的灶台称为"火塘"。（谢光辉摄，香港《中国旅游》图片库提供）

蒙古族妇女在蒙古包内蒸羊肉馅包子。（陈秀全摄，香港《中国旅游》图片库提供）

　　刀工，是指厨师对原料进行的切割处理。东西方厨艺的差别，在这一点上表现得十分明显。中国人的食物是经厨师精心切好后再下锅，西方人一般是等吃的时候个人用刀叉切割后进食。显然，中国厨师更重视刀工，也是最值得骄傲的案头功夫。像直刀法、片刀法、斜刀法、剞刀法（在原料上划上刀纹而不切断）等，有名目的就有100多种，操作的手法都不简单。就说"炒腰花"，很普通的菜，可运用的刀法竟达十余种，炒出的腰花可呈麦穗状、荔枝状、寿字状、梳子状、兰花状、蓑衣状等。原料不同，刀法也不同，"横切牛肉顺切鸡"说的就是这个道理，牛的肌肉纤维比较粗，沿着与肌肉纹理垂直的方向切容易熟，而鸡的肌肉纤维比较细，要顺着鸡肉的肌理切则比较容易保持其细滑的质感，否则下锅稍一翻炒就很容易成了碎末。

　　能否真正将食物做熟、做好则有赖于烹调技法。西方人烹调，不外油炸、水煮、热烤。相比而言，中国的烹调技法可谓丰富之极，

餐厅厨房内厨师分工明确各司其职。（唐庆华摄，香港《中国旅游》图片库提供）

做拉面的清真餐馆厨师（谢光辉摄，香港《中国旅游》图片库提供）

像炒、爆、炸、煎、烩、炖、煮、蒸等等，不下20种，而且每种技法都有代表性的名菜。最普遍采用的还是"炒"。"炒"对于外国人，很难领悟，英语中就没有相当于"炒"的词，一般翻译就译作stirfry（一面翻腾一面煎），而且他们根本没有厨师炒菜专用的炒锅。

一般的中国家庭炒菜，对锅并不怎么讲究。大多是一锅多用，既炒菜，又烧汤。但专业厨师则要用专门的炒锅。炒锅有一个手柄，以便把锅端起来上下左右翻动。翻锅可以让各种原料辅料均匀混合，使炒制出来的菜肴火候恰到好处，生熟老嫩程度一致。翻锅的技术相当复杂，有着一整套连贯的动作步骤，有的厨师翻锅，就和杂技表演一样，把锅端起来往上一扬，花花绿绿的菜片菜条在空中划出一条优美的弧线，再依次落入锅中。这一套翻翻搅搅掂掂的"炒"功，是用西式平底锅所无法施展的，堪称中国厨师的又一门绝技。

中国人在汉代之前，还没有"炒"的烹饪方法，当时的主要形式是羹汤、火烤、水煮、油炸，但一经发明就为大多数人所接受，并独占鳌头，甚至成为一切烹饪活动的总称。许多中国人都把凡是动锅做菜的，不管是煎、炸、煮、蒸，都通通叫作"炒菜"。

色香味，是中国人判断菜肴优劣最重要的综合标准。只有色香味俱佳，才能算一盘好菜。而炒菜，是最容易达到这种效果的烹饪方法。炒，不受原料品种数量的限制，各种各样的东西，都可以炒到一个菜里，这就为"色"的创造提供了一个广阔的天地；炒菜，大都需油热火旺，将精工细切的材料，在油锅中翻炒，最容易入味，促进香气的散发，尤其是用蒜末、葱段炝锅，更是浓香扑鼻。而且炒也暗合了营养之道，炒菜的时间一般都很短，食物迅速加热，营养成分不容易流失。

放眼世界，举凡讲究饮馔、精于烹饪的国家和地区，历史上必定都出现过高度发达的文化，社会财富也达到过相当充裕的程度，才有充足的时间和财力追求饮食的情趣和技巧。精湛的烹调工艺，使中国菜具有了独特的魅力和风味。但是这门技艺正受到时代的考验和挑战。比如，随着食品加工业的机械化、自动化，超市里配料齐全的半成品、速冻食品已颇有市场，越来越智能化的电子炊具的出现，使得许多家庭的烹饪完全可以通过程序控制来实现，配菜、火候、刀工这些中国厨艺的基本功，似乎越来越没有用武之地了。不可否认，中国的烹饪技艺，在某些领域的作用正在逐渐缩小，尤其是面对那些大批量生产的食品；但是，中国人的生活习惯，特别是对色香味的追逐，注定了中国人要坚持"食不厌精，脍不厌细"的饮食传统。

吃的健康

在中国的饮食文化中，还有一个极其重要的内涵，这就是饮食

广州街头经销鱼翅的店铺（朱洁摄，香港《中国旅游》图片库提供）

疗法。中国自古就有以食当药、以药当餐的传统。中国古代传说中的农业神——神农氏，不仅教会了人们种庄稼，还是"尝遍百草"的药王。虽然是神话，但却反映了中医的一个重要思路——"医食同源"，即吃饭果腹与防病治病有着相当密切的联系。

中国自古以来就十分重视养生之道，《黄帝内经》首先提出了辩证饮食、多样饮食的观点，只有多样，才能营养全面，五味全面，不至于因为某味太过而伤及脏腑。依靠日常的饮食来增强体质，抵御疾病，是中国饮食文化的重要内涵。与药物相比，食物较为平和，而且每一种食物中都含有"精微"物质，在人体中发挥着不同的作用。同样是清热，中医理论认为，梨偏于清肺、香蕉偏于清肠热、猕猴桃清膀胱热。食物味道不同，对人体的作用也不同，一般认为"酸入肝，辛入肺，苦入心，咸入肾，甘入脾"，不同元素被不同的脏器吸收，发挥不同的效能。利用食物不同的特性及其营养成分来影响肌体的功能，以食当药，是中国饮食文化的一大特色。

此外，以食物补养身体，还讲究四季的变化和人的年龄的区别。春季是由寒转暖的时候，吃些辛辣的蔬菜可以通五脏之气；夏季湿热，绿豆汤、酸梅汤、百合汤、凉茶等，都有防暑保健作用；秋天空气干燥，应多吃清燥润肺的食品，比如梨、柿子、橄榄、萝卜、银耳。中国民间比较青睐萝卜，萝卜很便宜，健身效果又很明显，萝卜烧排骨、萝卜炖羊肉，都兼具食疗保健的功效。板栗、山药、田螺，也都是秋季的滋补时令食品；冬季是"进补"的最佳时期，中国人到了冬天，喜欢吃些鸡、猪蹄髈、牛羊肉、桂圆、核桃、芝麻等高脂肪、高热量的食物。

人的年龄不同，食疗的原则也不一样，比如中年是人体由盛转衰的转折点，需要保健类的高能量的饮食，同时适当增加抗衰老食物，以减缓衰老的速度；而老年人新陈代谢慢，应当少吃四条腿的牛羊猪，多吃两条腿的禽类、一条"腿"的菌类和没有腿的鱼类……这些保健知识已为越来越多的中国人所掌握。

人参是上好的滋补品。（冯刚摄）

食物进补讲究时令，不同的季节对食材的要求不同。（冯刚摄）

食疗在中国民间一直都很盛行，有"药补不如食补，食疗胜似药疗"的说法。用日常的蔬菜水果防病治病，几乎是家喻户晓。家里有人伤风感冒，切几片生姜，加几段葱白，用红糖煮汤，趁热吃下，再盖上厚被子发发汗就好了；清炖老母鸡、小米加红糖和炒熟的芝麻，是大多数产妇生产后的首选食物，可以帮助她们迅速恢复体能、温热补虚。

药膳是将中药与食物一起烹饪，但品种和剂量都有严格的限制，与以食当药的食疗是有区别的。药膳，大多是为了使味道不佳的药物具备诱人的味道，变用药为用餐的方式。药与膳的结合，形成一种特殊的食品，取药之性，借食之味，将中国的食疗学推向了一个新的阶段。现代热门的药膳，不外乎粥食、面点、羹汤和菜肴，虫草鸭子、白果全鸡、黄芪炖鸡、米酒炒田螺、莲子猪肚、百合粥、伏苓饼、山药糕等都是常见的药膳。如今，中国的大小城市都有专营药膳的餐馆饭庄，生意颇为兴隆。

中国的药膳不仅在本土发扬光大，而且漂洋过海，逐渐被外国人接受和效仿，进入到当地的饮食生活中。如菊花酒、人参酒、乌龙茶等这些中国传统的保健饮品，在国外都很有市场。西方名酒"杜松子酒"，其主料就是中药柏子仁，有养心安神的作用。

经常食用猪爪对强身健体、养颜护肤有一定功效。（冯刚摄）

中国的食疗和药膳被越来越多的外国人所接受，其实反映了人类对健康和长寿的普遍愿望。西药虽可消除很多病痛，但由于其多为化学合成，有的副作用较大，更别提什么营养价值了。而中国的药膳，多取材于天然植物，长期适量服用较为安全，更重要的是可以补养身体，保持健康，增强抗病能力，从而达到养生的目的。

说到味道，本是各地菜肴特色的体现，但是从养生的角度看，饮食偏咸、偏甜、偏酸、偏辣，对身体都不利。食盐过量，会损伤心脾肾、诱发高血压；酸辛太过，会刺激胃粘膜组织，诱发溃疡。如此养生之道，讲究的是五味平和、饮食清淡。

用中药炖煮的气锅乌鸡（朱洁摄，香港《中国旅游》图片库提供）

过去中国人吃肉少，肉食在膳食结构中不占主要位置，这本来和经济发展水平有很大的关系。但是，从养生学和营养学分析，中国人的这种以素为主、以荤为辅、荤素搭配的传统饮食结构，相对西方以肉食类食物为主的饮食结构，有其合理、科学的依据。

有些人认为多吃鱼头可以延缓衰老。（冯刚摄）

　　素食的发展与佛教的传播关系密切。佛教初入中国时，佛教徒的食物没有严格禁忌，后来，南朝（420—589）虔诚的佛教徒梁武帝（502—549在位）认为食肉就是杀生，违反佛教戒律，而大力提倡素食，禁止僧侣食肉，并靠皇权势力对饮酒吃肉的僧侣严加惩罚。于是，佛教寺院禁断了酒肉，僧侣开始常年吃素，并影响到在家修行的"居士"。吃素人数的增加促进了全素菜肴的完善。直到宋代，由于文人、士大夫的推崇，素食大放异彩，以豆腐、面筋、蔬菜等为主料的菜肴渐渐被视为美味。市井的饮食行业为了满足佛教徒的需要，也加入到开发、经营全素菜肴的行列中，对寺庙的素食也有很大影响。因素食大多寡淡无味，要使它被大多数人所接受，必须烹调有法，才能使素食与珍馐美味相媲美。

　　中国人自古还有喝粥求长寿的观点，方法是每天一大早空腹喝淡稀饭一碗。喝粥防病，保健养生，中国民间早有实践，比如胡萝卜粥就可以预防高血压；而吃惯了大鱼大肉的人，喝点蔬菜粥、野菜粥，可以增加维生素，滋阴补肾。饮食清淡，少吃大鱼大肉等肥厚食物，常吃素食，多喝粥一直以来是很多人健康饮食的不二选择。以蔬菜、菌类、豆制品为原料的素食，易于消化，营养丰富，经过现代医学证明也是值得推广的健康食品。不过，人们已经认识到单纯吃素营养不够全面，比如人体所必需的元素——钙、动物蛋白等含量不足。今天，人们的健康意识更加明确，合理的膳食结构越来越受到现代营养学、健康学的重视。

吃的禁忌

中国人的哲学传统讲究"天人合一"，这种文化心理反映在饮食方面，就是食者与食物的和谐相处、共生共长，于是在中国人的日常饮食中就有了许多禁忌。比如食物的合理搭配、时令或日常饮

糯米面做的面食口感虽好，但不宜消化，人们喜欢吃却不会多吃。（新华社摄影部提供）

维吾尔族穆斯林在亲友的婚宴上享受美味的手抓羊肉饭。（王苗摄，香港《中国旅游》图片库提供）

食禁忌以及发物和忌口等问题。这些禁忌有的是世代相传的经验之谈，有的是现代人总结出来的科学理论。总之，吃的问题还真不那么简单。

中国人吃饭讲究食物搭配，吃饺子要配醋，煎饼卷大葱要蘸酱，吃油条喝豆浆，吃面条离不开"菜码儿"。一桌家常菜，必定有荤有素，这叫荤素搭配、阴阳平衡。此外，还讲究主副食搭配，比如大米配牛肉，牛肉味甘而平，稻米味苦而温，两者甘苦相成，是很好的主副食搭配。此外，羊肉与黄米、猪肉与谷物、鸟禽与白面，也都适合搭配。与此相对，有一些性味不合的食物，如果搭配起来，就会惹麻烦，损害健康。比如，螃蟹和柿子、芥菜和兔肉不能共食。这些都属于食物搭配的禁忌。很多人有这样的经历，吃过酒宴后，不仅不感到畅快，相反还会莫名其妙地难受，甚至病倒。有一些情况就是因为吃得太多太杂，吃了性味相左的食物。

中国民间关于吃的禁忌，具有明显的时令特点，即饮食要根据季节的变化而变化。同是一种食物，某个时令最适合食用，但另外的时令就不适宜了，这就是"时令食忌"。民间至今认为，冬春两季吃韭菜可以"暖腰膝"，而夏天食之则"令人目昏"；还有辣椒，江西人喜欢夏天吃新鲜辣椒，冬天吃干辣椒，到了秋天一般就什么辣椒也不吃了。

在日常饮食中，中国人也总结了许多吃的禁忌，比如早餐不宜全吃干食或只吃鸡蛋；饭后不宜喝浓茶，也不要马上吃水果；长时间用嗓后不宜马上喝冷饮；旅游乘车前不宜吃得过饱；运动后不宜多吃糖，等等。

对于日常饮食禁忌，有的人不是很在意，不过一旦身体有了毛病或者在特殊时期，比如妇女孕期和产后，饮食上的禁忌就必须严格遵守了。俗话说"三分治疗，七分养护"，如果不了解"发物"

豆腐制作简便，营养丰富，且能做出各式菜肴。（彭振戈摄，香港《中国旅游》图片库提供）

和不重视"忌口"，饮食不当，很有可能产生不良反应，甚至加重病情。

所谓"发物"是指能诱发疾病的食物，发物的范围很广，如鸡头、猪头、海鲜、鱼类、牛羊肉以及各类调味品。传统中医对病人的食禁颇多，病症不同，"忌口"也不同：如果身体虚寒，四肢发冷，西瓜、香蕉、梨等凉性食物就不宜食用；如果发热口渴，失眠心烦，最好不要吃生姜、胡椒、白酒；哮喘病发作时，蛋、牛奶、鱼虾等高蛋白食物就应当"忌口"；感冒后不宜进食冷饮冷食、油腻粘滞和刺激性食物；服用补药时，应少喝茶、少吃萝卜，否则会降低补药的功效，等等。

至于用来提味的葱、蒜，本来是中国人炒菜常用的调味品，尤其是北方人还喜欢吃生葱、蒜。但是，葱蒜也属于"发物"，不仅一些病人不宜吃，正在"上火"的人也不能吃。尤其是老年人，吃多了葱蒜，眼睛会发干，影响视力。

孕妇的饮食，注重全面营养，不偏食，少吃或不吃辛、热、温燥及油腻不易消化的食物；在刚生下小孩的三四天内，则要吃素，因为吃荤，尤其是鲤鱼、鲫鱼等发物，非常不利于产后的伤口愈合，暖身补气的乌鱼对于伤口的愈合是大有好处；之后一般用鲫鱼、猪蹄、鸡蛋等"发物"来催出奶水。

当然，中国人关于吃的禁忌，有的只是一种民间风俗，并没有什么科学道理。比如有些地方认为孕妇不能吃兔子肉，否则生出的孩子容易长兔唇；不能吃驴肉，否则孩子的脸会像驴脸那样长；还不能吃鳖肉、鳗鱼、泥鳅，说是吃了这些东西，孩子会长成小头小脸小眼睛。从科学的角度看，这些饮食禁忌显然是荒唐的，但却寄予着父母对于即将出生的子女美好的希望，也是中国民俗文化的一种反映。

由此可见，吃的学问还真大。饮食与文化有一定的相关性，在一种文化中人们偏爱的食物，在另一种文化中可能就是一种禁忌。比如印度人把牛当作圣物并立法禁止宰杀，犹太人则厌弃猪肉，而欧美人对这两种肉都来者不拒，但当他们看到一些民族吃昆虫和狗肉时就觉得恶心。所以，饮食中的禁忌也可以看作是饮食文化中的禁忌文化，而禁忌文化除了在日常生活中的体现，又是跟一个国家或地区的宗教信仰、民族或行业

红薯是中国的传统农作物，种植面积广，总产量占全世界红薯产量的80％以上。越来越多的人认识到红薯的健康价值。（胡武功摄，香港《中国旅游》图片库提供）

合理、健康的膳食结构不能缺少水果。（井然摄，Imaginechina提供）

习俗和传统密切相关的。

中国饮食在宗教方面的禁忌主要体现在佛教、道教和伊斯兰教文化的影响。比如，中国汉传佛教是禁止信徒吃肉的，吃肉就是杀生，就是违反戒律。但在印度、斯里兰卡等国家，以及中国藏传佛教（内蒙古、西藏、青海和云南的傣族聚居区）的僧人中，并没有这条教规。其实这更多地是暗合了中国古代的礼法——祭祀前要沐浴更衣，不饮酒，不吃荤，以表示虔诚，汉传佛教禁止佛教徒吃肉饮酒，是与汉民族固有的风俗习惯有着共同的文化心理的。同佛教禁止饮酒吃肉的出发点不同，土生土长的中国道教教义中，虽然也有禁止食肉饮酒的规定，但其目的是保养脏腑、休养精神，因此不主张味道繁杂，认为神仙就是因为不食人间美味而得道成仙的，同时，也与抑制教徒的生理需求有关。而伊斯兰教在饮食上最主要的禁止是源于《古兰经》的规定，其饮食规范已成为全世界12亿多穆斯林的共同生活习惯，穆斯林的清真食品的特点就在于无猪肉、猪油、自死动物肉以及不含酒精或其它致醉致毒物。中国的回、维吾尔、哈萨克、柯尔克孜、撒拉、东乡、保安、塔吉克、塔塔尔、乌孜别克族等信仰伊斯兰教的民族，也都遵守这些传统的生活习惯。这种民族的风俗习惯在中国得到了广泛的尊重，无论城乡，大凡有穆斯林聚居，都有清真食品专卖点和清真饭馆，旅馆、学校、医院、

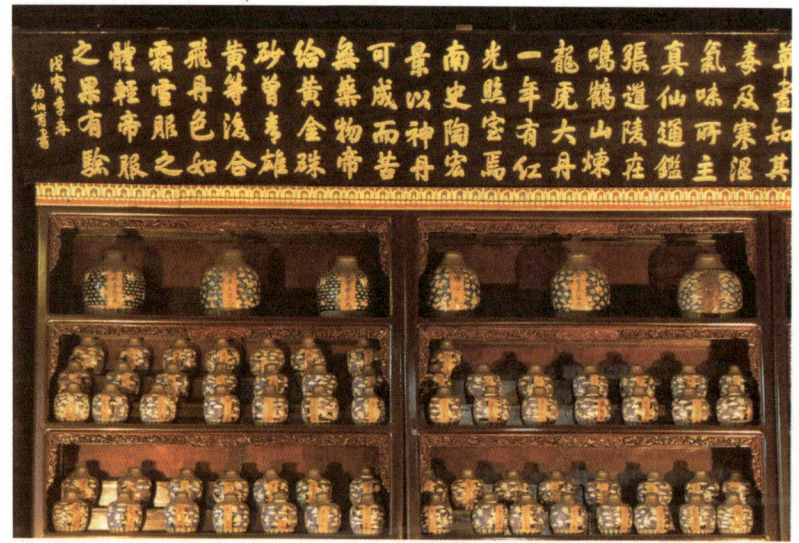

中药房同时售卖用于食疗的各式药材。（谢光辉摄，香港《中国旅游》图片库提供）

飞机、火车等提供饮食服务的公共场所，只要用餐者申明，就能获得特别制作的清真食品。国家还规定，清真食品必须标明"清真"字样，以便同其它食品分库保管、分车装运、分别出售。

此外，民族或地方习俗以及某些行业传统也对饮食禁忌产生了重要的影响。

比如中国南方的一些地区视蛇肉为美餐，而有些地方则认为吃蛇是一种亵渎神灵的行为，因为他们认为蛇是护佑人类的神灵，不但不能吃反而应该爱护有加，这样才能达到人与蛇的和谐相处。

沿海地区的渔民，由于其职业的特殊性，在饮食上禁忌也很多。他们的菜肴主要是鱼，每逢新年，吃的第一顿鱼，必须把生鱼先拿到船头祭龙王海神；吃鱼时，上边的鱼肉吃完后，将鱼骨头抽去，再吃下边的鱼肉，不可将鱼翻转吃；每顿鱼不许吃光，必须留下一碗鱼肉或鱼汤，投在下一顿鱼锅内，意味着鱼来不断；平时吃剩的饭菜，包括鱼骨头、刷锅水等，一律不准倒进大海。

讲究医食同源的中国人喜欢享受滋补的美味。（冯刚摄）

又比如中国西部的藏族人，在食肉方面的禁忌较多，蛇与水产品，大都不吃，有的人连鸡肉鸡蛋也不吃，对鸟类、山鸡，藏民更是从不捕食，尤其是雪山鸡，被藏民视为神鸟。即使是吃牛羊肉，也不能吃当天宰杀的鲜肉，必须要过一天。当地人认为牲畜虽已宰杀，但其灵魂尚存，必须过一天后灵魂才会离开躯体。大蒜也是藏民的禁忌，朝拜神圣之地绝对不可吃蒜，以免玷污了圣洁之地。

比较不同民族或地域之间的饮食禁忌是件很有趣的事儿，不同的民族对于吃的禁忌有时会截然相反。苗族是禁止杀狗打狗吃狗肉的，但朝鲜族人最爱吃也最喜欢招待客人的就是狗肉了；苗族的宴会上常以鸡鸭待客，尤以心、肝最贵重，要先给客人或长者吃，但怒族人却忌讳杀鸡招待客人，到怒族人家做客，不能提出吃鸡的要求。

有的民族的饮食禁忌似乎有些不可理解，比如，云南彝族，不能吃推磨时磨轴折断的面粉；如果把羊拉到堂屋正准备宰杀时，羊突然叫了起来，那么这头羊的命就算保住了；饭桌如果刚刚摆好饭菜，一只鸡无意中从饭菜上面跳了过去，那么这顿饭就得重新做；小孩不能吃鸡胃、鸡尾、猪耳、羊耳，等等。

从宗教和民族或地方习俗来说，饮食禁忌无所谓对错、优劣；不过有趣的是，饮食禁忌不经意间却催生出了一系列饶有风味的独特饮食。中国特色的全素餐最为典型，许多寺庙和道观都有自己极富特色的精美素菜，在清鲜雅净、花色品种、工艺考究等方面都不逊于荤菜，比如北京法源寺的口蘑锅巴、南京报恩寺的软香糕、南京晓堂和尚的牛首豆腐干、厦门南普陀的汤菜等，都是各自寺院的看家菜点。

吃遍中国

【菜名的学问】

中国人的餐桌上没有无名的菜肴。其中，大量的菜名是在烹调过程中提炼出来的，比如，以食料命名的"素什锦"、"鲢鱼豆腐"，以味道命名的"鱼香肉丝"、"麻辣香锅"，以菜形命名的"太极豆腐"、"松鼠桂鱼"，以菜肴的口感命名的"香酥鸭"、"软炸里脊"，以菜肴的色泽命名的"珍珠翡翠白玉汤"、"金玉羹"，以烹饪手法命名的"白灼青菜"、"粉蒸肉"、"干煸鳝鱼"、"盐鸡"，以时令命名的"炸秋叶饼"，以数字命名的"四喜丸子"、"八珍豆腐煲"、"九转大肠"、"千层饼"，以人名命名的"麻婆豆腐"、"东坡肘子"等等。

中国人习惯于将美味佳肴称作"山珍海味"，据记载，历史上熊掌、燕窝、鱼翅、海参、象鼻、驼峰、鹿尾、猴脑等都曾入选达官显贵的珍稀美味菜谱；但在现代中国人的宴饮中，这类食材已属罕见，加之人们爱护动物、保护动物意识不断深入，许多人都自觉拒食此类菜品。而真正代表中国饮食潮流应时应季之变的，是那些颇具特色和影响的地方风味菜肴。

中国各地不同的地理气候、资源物产以及由此形成的饮食习惯，造就了各具特色的地方菜系，比如鲁菜、川菜、粤菜、苏菜、京菜、闽菜、浙菜、湘菜、徽菜……中国民间将其高度概括为"南甜北咸东辣西酸"。

作为一个国际化大都市，古都北京的餐馆数以千计，名店不下百家，不仅云集了中国各地的美味佳肴，还有正宗的法式、意大利式、俄式、西班牙式、美式等西餐厅和日本、韩国、印度、越南、印尼、泰国、伊朗等亚洲国家的特色餐厅，可谓极具包容力。近年来，随着人们消费能力的加强，北京已经发展出几条特色食街，打出"24小时营业"招牌的店家也在日益增多。说到北京经久不衰的名吃，则首推烤鸭和涮羊肉。"全聚德"的挂炉烤鸭用明火烤，"便宜坊"的焖炉烤鸭用暗火烤，两种"流派"各有千秋。通红发亮的烤鸭切成片，蘸甜面酱夹葱丝卷在特制的荷叶饼里，吃起来香气满口。涮羊肉原为冬令美味，现在餐馆里大多安装空调，即便在炎热的夏日，也有很多人吃了。亲朋好友围坐一桌吃火锅，选上两盘上等的羊肉片、牛肉片，再配上三五种蔬菜，在汤水翻滚的火锅里烫熟，即可夹出蘸着配好的调料吃。至于调料，芝麻酱（或麻油）、酱豆腐、韭菜花、辣椒油以及葱花、香菜末等都是最常用的。羊肉涮得差不多了，就在浓汤中下一盘粉丝，吸饱了汤汁的粉丝有滋有味，再来上一两个小芝麻烧饼，真是满口生香回味无穷。

　　北京的近邻天津是一座著名的港口城市，饮食也极富北方特色。津门第一名吃——"狗不理包子"，以汤汁浓厚、馅料鲜香、褶花匀称著称，据说每个包子不能少于15个褶。天津著名的风味食品还有"天津大麻花"，酥脆奇香，尤以老字号桂发祥的"十八街大麻花"久负盛名。由于盛产鱼、虾、蟹，天津菜多以河鲜、海鲜为原料，制作技法尤擅烹、炖，素以好吃不贵、量大实惠吸引着八方食客。此外，因1860年天津即已被清政府辟为对外开放商埠，西方饮食比较早地在这里落地生根，百年老店"起士林"就是由一位德国大厨创办的，素以经营正宗的德式、法式餐点著称。

　　从天津向北，就"出关"到了肥沃的东北大平原。那里的饮食具有鲜明的满族风味。"东北菜"擅用炖、炒，以酸菜（一种经发酵腌制的白菜）余白肉、血肠最具代表性，而以香料浓厚的汤汁炖煮的带肉猪骨和鸡肉炖野生蘑菇也很受北方食客的欢迎，佐以葱、蒜、汤卤的农家水豆

中医以鸭为"药"和滋补上品，认为常吃鸭肉有益健康。（冯刚摄）

早些年，涮羊肉还是一种待客佳肴，主客围坐在火锅旁，边品尝边叙谈，肉香情意浓。（Roy Dang摄，Imaginechina提供）

北京王府井小吃街（邓维摄，香港《中国旅游》图片库提供）

色香味形和配料都很讲究的北京谭府菜（朱建军摄，香港《中国旅游》图片库提供）

莲藕是一种中国特有的食物。（王笑飞摄，香港《中国旅游》图片库提供）

腐则以鲜香滑嫩的乡土风味给人以鲜明印象。

从天津往东南方向走，就到了孔子的故乡所在地山东。由于那里烹饪技艺成熟得早，鲁菜是中国影响最大、流传最广的菜系之一，处处体现着孔子"食不厌精，脍不厌细"的饮食理念，选料精，技法细，菜品造型富丽，口味偏咸鲜，具有鲜、嫩、香、脆的特色。常用的烹调技法有30种以上，尤擅"爆、炒、烧、塌、扒"。明、清两代，鲁菜已是宫廷御膳主体。以清代国宴规格设置的"满汉全席"，使用全套银餐具，196道菜，全是山珍海味，可谓奢华至极。作为中国北方第一菜系，喜庆寿宴的高档宴席和家常菜的许多基本菜式都是由鲁菜发展而来的，不仅如此，鲁菜对京、津、河北、东北等地的菜肴都有着重要的影响。值得一提的是，胶东地区的福山素以烹饪文化发达闻名海内外，代有名厨出，那里不仅专业厨师手艺高超，家家户户的"主厨"也都做得一手好菜，福山籍华侨将鲁菜传向了海外。山东人豪爽好客，特别讲究待客之道，惟恐客人吃不饱吃不好，因此菜量很大，在山东人家作客要有一吃到底的心理准备。

与山东一省之隔的山西地处中原，主要的农作物有小麦、玉米、高粱和薯类，其地方菜肴虽未进入中国几大菜系之列，却不妨碍这里的人们享受精致美食。由于山西人素有经商传统，特别是明清两代晋商鼎盛，不仅涌现出许多富商巨贾，也推动了山西成为当时的"海内最富"。因此，稍稍留意一下山西的菜谱，就不难发现这里曾经有过的富足优渥，单是面食就有无数种类，吃法别致，风味各异，甚至以面食成宴。与山西人喜爱吃面食相似，河南人也以面食为主，河南的菜肴突出的特点是用汤考究，著名的"洛阳水席"格式讲究，8道凉菜，16道热菜，有荤有素，每道菜都离不开汤。

山西往西，就到了陕西。古城西安除了兵马俑、大雁塔这类名胜古迹，最吸引异乡人的莫过于西安的羊肉泡馍和饺子宴了。西安大街小巷都有羊肉泡馍馆，食客要自己亲手将馍掰成碎丁放在碗里，馍掰得越碎越好，然后将盛着馍的碗交给厨房里的大师傅淋上味道鲜美的羊肉热汤再享用。饺子是北方人的传统食品，西安的饺子宴由蒸、煮、煎、炸等108种饺子组成，配料精细，外观造型独特，有的像蝴蝶，有的像燕窝，有的像贝壳，有的像云朵……一饺一形，百饺不重味，吃饺子的同时还能听到许多与之相关的民间传说或历史掌故，别有一番情趣。

由西安继续西行，到银川可以吃到地道的烤羊头，到兰州可吃到地道的牛肉拉面，到西宁要喝那里的羊杂碎汤，到乌鲁木齐要吃大串的烤羊肉；从西安向北，深入内蒙古草原，则一定要尝尝那里的烤全羊。

从西安向南行，就到了"天府之国"——

造型精美的灌汤包（杨祺涛摄，Imaginechina提供）

四川。川菜也是一种很早就成熟了的风味菜系，在中国各地有着广泛的影响。一提到川菜，人们的印象似乎只有麻味辣味，其实川菜特别注重调味，味型也相当丰富，单看调料就可见一斑——葱、姜、蒜、辣椒、胡椒、花椒、醋、郫县豆瓣酱、醪糟、糖、盐，不一而足，只要巧施厨艺，就能精心调和成酸、甜、苦、辣、麻、香、咸等七种滋味。川菜菜品多为经济可口的大众家常菜，风格朴实清新。许多到过四川的人都说，四川的美味数不清，从家常小菜鱼香肉丝、回锅肉、红油豆花、麻婆豆腐、夫妻肺片到街头小吃串串香、麻辣兔头、担担面，再到红遍中国的麻辣火锅、水煮鱼，都能让人百吃不厌。

说到辣味，中国西部各省区，都有食辣的风俗，传统认为食辣有祛湿驱寒的功效。辣椒是在明末从美洲传入中国的，但起初只是作为观赏作物和药物。最先开始食用辣椒的是贵州及其相邻地区，辣椒曾起过代盐调味的作用。时至今日，不仅川菜以辣味闻名全国，与四川相邻的陕西、贵州、云南、湖北，以及中南部的湖南、江西和广西都有不同特色的辣味菜肴，四川重麻辣，贵州重香辣，云南重鲜辣，陕西重咸辣，湖南则重酸辣。近些年，随着地方风味大举进驻北京、上海、深圳、广州等国际大都市，湖南菜、湖北菜、贵州菜、云南菜受到越来越多食客的追捧。

湖南菜简称"湘菜"，是中国八大菜系之

成都特色小吃串串香（张宏江摄）

重庆的麻辣火锅（张宏江摄）

一，在世界上也具有相当的知名度。湘菜刀功精细，用油较重，多用煮、烧、蒸等技法烹饪，有酸辣、焦麻、鲜香、脆嫩、熏腊等多种口味。湖北菜以精致闻名，一道菜常常要经过十几道程序，用料以河湖水产为主，蒸菜最为出色，具有汁浓、口重、味纯的特色。贵州菜以烹制山珍野味及鸡、鸭、猪、牛、蔬菜、豆腐出名，菜味咸、辣、香，由于吸取了当地少数民族的烹调方法，乡土特色浓郁，著名的菜品有干锅鸡、酸汤鱼、花江狗肉等。云南是一个少数民族聚居的省区，口味带有鲜明的地域特色，同时因其盛产各种野生食用菌，菌类菜肴是这里独具特色的地方风味。广西菜以烹调野味见长，讲究鲜活，既受到粤菜较深的影响，又喜好辣味，制作技法很有当地少数民族特点，由于出产许多名贵中药材，将菜品与补药巧妙结合制成的药膳，也是这里的特色风味。

说到粤菜，人们一定很想知道为何广东省是中国最讲究吃的地方，而以广州菜为代表的粤菜为何有着海纳百川、融合东西的特点。广州地处珠江三角洲，水陆交通四通八达，很早就是中国南部的商贸中心。此外，广州是中国最早对外通商口岸城市，来自海内外的商旅引来了各种风味菜馆，加之当地物产丰富，生猛海鲜、山珍野味无不可入。粤菜的烹饪技法上不仅吸收了中国北方各地名厨的专长，而且受到海外华侨饮食习惯的影响，能博取西式菜肴之长用于中式菜品制作，这使得粤菜在中国菜中以选料广博、菜品新奇、讲求营养而独具一格。广东人爱吃，还讲究食补养生，应时当令煲制各种汤粥是出了名的。

毗邻广东的福建，菜式上却与粤菜相去甚远，以福州菜为代表，口味清鲜、淡爽，偏于甜酸，多吃汤菜，调味善用糟，以巧烹海鲜见长，名品有佛跳墙、清汤鱼丸、鸡汤氽海蚌、小糟鸡丁等。

位于华东沿海的江苏、上海、浙江，素有深厚的地缘关系，饮

粤菜以选料广博、菜品新奇、讲求营养闻名于世。（冯刚摄）

食文化亦相互影响。由于城市历史并不久远，上海本帮菜无一不是来自宁波、扬州、苏州、无锡，甚至受到过川菜的影响。真正有历史亦有特色的是江苏的扬州菜、苏州菜、无锡菜，以及浙江的宁波菜和杭州菜。扬州菜的特点是不管如何烹饪都力求保留原汁原叶，菜式不同，滋味也各异。此外，扬州的点心花样繁多，远近闻名。苏州是一座人文荟萃的历史名城，苏州菜的精益求精也是出了名的——特别注重割烹、配料和调味的技艺，讲究火候。即使是一顿普通的家常菜，也是清淡素净，重质而不重量。而近年在南北各地掀起热潮的阳澄湖大闸蟹亦出自此地。无锡菜有两大特色，一个是"甜"，一个是"臭"——几乎所有的菜里都放冰糖末子，此为"甜"；臭豆腐干越臭越香，此为"臭"。有经验的美食家认为，无锡菜无论刀功火候都堪称菜中上品。宁波菜因地靠舟山群岛，海产丰富，于是就地取材，用料以海产为主，口味偏咸。杭州是千年古城，不仅风景秀美，精美菜肴亦可圈可点。自豪的杭州人认为杭州美食推陈出新的速度堪称中国之最，口味清淡，基本不用辛辣调料，也避免浓油赤酱，但味醇质烂的东坡肘子、甜酸适口的西湖醋鱼等经典名菜却回味悠长，天下闻名。

这让人不禁联想起一百年前曾蜚声全国的安徽菜。据说当年的徽菜馆排场相当大，一色的红木家具透着富甲一方的豪气。但在现代餐饮业的

河南的黄河鲤鱼宴（李志雄摄，香港《中国旅游》图片库提供）

激烈竞争中，徽菜却悄然没落了，如果不是到黄山旅游，外地人已很难品尝到正宗的徽菜。

　　天南海北，从小吃到大餐，中国各地名吃不胜枚举，千滋百味的名馔佳肴折射出中国深厚的饮食文化传统和各地个性鲜明的地域文化。吃遍中国，不仅是一次漫长而奢侈的美味之旅，更让人时刻感受到中国饮食文化传统的博大精深——对于到中国旅游的外国人，无论进宾馆饭店享受招牌大餐还是到街头小吃店品尝特色风味，都不失为一种直观而惬意的感知中国的方式。

闻名中国的阳澄湖大闸蟹（谢光辉摄，香港《中国旅游》图片库提供）

畅饮真情趣

四季茶饮

中国有句俗语："开门七件事——柴、米、油、盐、酱、醋、茶"，可见茶已完全融入了中国人的日常消费和社会生活中。茶中含有多种维他命、茶多酚、精油、氟素等成分，有明目、清脑、利尿等功能，是对人体有益的天然健康饮品。

中国是茶的故乡，种茶、制茶、饮茶均为天下先。中国西南部的亚热带山区是野生茶树的原产地，最初，茶只是作为祭品和菜食使用。到了唐代佛教盛行，佛家发现喝茶可以解除坐禅瞌睡，吃饱了饭食还可以帮助消化，于是，倡导饮茶。一时间几乎寺必有茶，饮茶风气很快由寺院传入民间，上至帝王公卿，下至贩夫走卒，莫不饮茶。所谓"自古名寺出名茶"的说法，是因为寺庙大都有田产，当地的信众帮助耕种，而茶叶品质的提高和品饮艺术的推广则得益于文化修养较高的僧侣们。此后，中国的茶文化随着佛教一起传入日本，并在日本产生了巨大的影响，日本茶道至今已流传了400多年。韩国及东南亚各国也受到饮茶风俗的影响。

因人文、地理的不同，"茶"在汉语中有两种主要发音方式——以北方方言为基础的普通话读作"cha"，南方的广东、福建则读为"tee"。由中国北方输入茶的国家，如日本和印度，茶的发音类似cha，俄国茶的发音类似chai，土耳其的茶念作chay；而由中国南部沿海输入茶的国家，如英国，茶的发音是 tea，西班牙语的茶是té，法语的茶是thé，德国的茶是thee，大体上都是汉字"茶"的音译。

茶叶在世界范围普及的过程，也是茶叶贸易的过程。在欧洲，最早饮茶的是英国人，史书记载，17世纪初，英国人就喝到了从中国运来的茶，并引起了英国人对中国茶的普遍嗜好和对茶的大量需求。英国政府为保证英国人能不断茶饮，曾下令东印度公司保证一定的茶叶存货。随着茶叶逐步向平民百姓的普及，欧洲各国对茶叶的需求量也与日俱增，到19世纪初，中国对英国的茶叶输出量约达4000多万吨，并引起英中双方贸易逆差。英国商人为了改变这种不利局面，便想方设法从印度、孟加拉等国购买鸦片，输入中国，不费银元便换取到了中国的茶叶，并由此发动了影响中国近代史的"鸦片战争"。

中国有包括台湾在内的16个省区产茶。从唐代开始，北方及西北部游牧民族与产茶区以马换茶的茶马互市就兴起了，一直延续到清代中期，茶马交易才逐渐被货币交换所取代。时至今日，茶已成为这些地区人们的日常生活必需品了。

茶叶是摘取茶树嫩叶制造而成的，因其制作工艺的不同，而分出绿茶、红茶、乌龙茶、白茶、黄茶、黑茶等不同的种类。所谓色香味俱佳的名茶，大都是优越的自然条件、优良的茶树品种、精细的采摘方法和精湛的加工工艺相结合的产物，享有很高的声誉，在市场上也占有重要的地位。

区别茶的种类的关键环节在于"发酵"。不发酵的茶称为"绿茶"，即以茶树的新生芽叶为原料，经锅炒或蒸汽杀青（通过加热以终止茶叶发酵的工艺）、揉捻做形、干燥后制作而成，泡出来的茶汤是碧绿或绿中带黄色，新鲜的茶香略带苦涩。绿茶是历史最长、产量最大、产区分布最广的茶类，其中尤以浙江、安徽、江西三省产量大、质量优。绿茶自古多名茶，西湖龙井、

茶树上的普洱茶叶（许云华摄，香港《中国旅游》图片库提供）

97

【古代的饮料】

中国古代饮料有三大类，浆、酒、茶，唐代时已对这三大类饮料的日常功用做出明确区分：浆以救渴，酒以解忧，茶用来清心提神，并且，对茶作为日常饮品的用途有更为细致的认识，以茶疗疾，以茶入馔，以茶代酒，茶饮已开始用于醒酒。

冲绿茶时，水从高处冲下，开水降温更适宜冲出可口的茶汤。（黄锐提供）

洞庭碧罗春、黄山毛峰、蒙顶甘露、庐山云雾、信阳毛尖、六安瓜片等都闻名遐迩。

经过发酵，茶叶会从原来的碧绿色逐渐变红，发酵愈多，颜色愈红；而香气也会因发酵的轻重，由叶香变为花香、熟果香或麦芽糖香。全发酵茶称为"红茶"，是选取茶树新芽叶，经过萎凋（先把采摘下来的鲜叶放在室外曝晒，而后转入室内晾一段时间，以提高茶叶的清香之气）、揉捻、发酵、干燥等工艺精制而成。因其干茶色泽和冲泡的茶汤以红色为主调，故名"红茶"。红茶在加工过程中发生了化学反应，鲜叶中的化学成分变化较大，茶多酚减少90%以上，并产生了茶黄素、茶红素等新成分，香气比鲜叶明显增加。比较著名的红茶有祁门红茶、宁红工夫茶、福建闽红等。而半发酵的茶，也就是乌龙茶。乌龙茶是中国的特色茶，最具代表性的产地是福建安溪。乌龙茶又可分为轻发酵、中发酵及重发酵三类，轻发酵如包种茶（清茶），以高香、清雅，汤色金黄为特色；中发酵如铁观音、水仙、冻顶等，汤色为褐色，饮来老成持重，较偏重"喉韵"；而重发酵如白毫乌龙，汤色呈橘红色，有熟果的甜香。

一般来说，北方人喝茶多喜味道香浓的花茶，或红茶，江南人离不开龙井毛尖碧罗春，西南诸省人喝惯了味道醇厚的普洱沱茶，福建广东台湾人喜好用乌龙茶泡饮功夫茶，牧区居民则主要喝由马、牛羊奶与有助于消化肉食的发酵砖茶煮沸的奶茶。有人说，绿茶代表了江南的文人气，清涩淡远；红茶具闺秀气，宁静安闲；

乌龙茶象征着长者的智慧，醇厚圆润；花茶则热闹如市井，浓郁又直接。因此，看一个中国人喜欢喝的茶，不仅能大致猜出他来自哪里，还能感受到他的个性和修养。

中国绝大部分产茶区，茶树的生长和茶叶的采摘是季节性的，采茶时间通常为春、夏、秋三季。不同茶季的茶叶，外形、内质都有较大的差异。从3月上旬到清明节（每年的4月5日）前采摘的春茶就是中国人常说的"明前茶"，也称"头茶"，茶叶的颜色呈淡淡的翠绿，口感纯净而略带清涩。清明节后过两周，即为农历"谷雨"（二十四节气之一，每年4月20日前后），每年到了这个时节，江南一带都会降下滋润五谷的细雨，也就迎来了绿茶采摘的第二轮高峰。清明后、谷雨前所摘的茶名为"雨前茶"，其后的春茶则为"雨后茶"。春茶的价格通常会因采摘时间的早晚，先高后低。一般来说，早春的绿茶是年中品质最好的。当年的茶叶是新茶，而存放了一年以上的茶叶，就是陈茶了。绿茶、乌龙茶以新为佳，陈年普洱却是年久味醇。喜欢喝茶的人，春天品绿茶，秋来饮贡菊（直接放在阳光下晒干供泡饮的菊花，以浙江杭州出产的最有名），深秋冬寒饮乌龙普洱铁观音，一年四季有品不够的茶香。他们不仅能辨别出新茶与陈茶，更能分辨出茶叶采摘的季节。

饮茶的习惯在中国人身上可谓根深蒂固。唐朝中叶，一位幼年在寺院中度过的文人陆羽（733—804），将前人文献、著述中有关茶的记载与自己潜心研究的成果结合，完成了世界上第一本有关茶叶的著作《茶

西北地区的居民喜饮砖茶，在清真餐馆吃饭，就会品尝到这种茶的独特滋味。（李泽民摄，香港《中国旅游》图片库提供）

经》。这本书系统地记述了茶树的性状、茶叶的品质、茶叶的种类和采制方法、烹茶的技术和饮茶的用具和经验等，介绍了茶的起源，以及唐以前的茶事、唐代茶叶的产地等情况，是一部有关中国茶文化的重要文献。

而唐朝中期还出现了一种以竞赛的方式，评定茶叶质量优劣、沏茶技艺高下的一种方法——"茗战"，可谓是中国古代品茶的最高表现形式。其后的宋代因品茶之风大盛，是历史上最讲究、最热衷于"斗茶"的时代，上至帝王将相、下至黎民百姓普遍参与；不仅名茶产地及寺院有斗茶之举，就连集市买卖茶叶也要斗茶，并与茶叶市场交易联系在一起。历史上许多名茶、贡茶的产生，都与斗茶有着直接或间接的关系。斗茶一般是二三个人聚集在一起，献出各自珍视的好茶，烹水沏茶，一争高低——茶品"以新为贵"，斗茶用水"以活为贵"，味以"香甘重滑"为上，香以"真香"为佳，汤色以无色为优。与之相应的，竟还出现崇尚以黑色茶碗（即福建建阳出品的"建窑黑瓷"）取代青瓷碗品茶的惟美风尚。人们认为，茶碗的价值不仅在于静态的一只空碗的赏玩，更在于茶会进行时渐次产生的触觉、视觉，及香气氤氲的嗅觉，品尝入口的味觉等等的美感。冲泡茶汤时，黑色茶碗映显白色茶汁呈现出的视觉美感，上至帝王公卿、下至贩夫走卒都懂得欣赏。此风甚至东传到了日本。斗茶对中国茶文化的发展起过很大的作用。

今人品茶、评茶、鉴茶的标准，很大程度上是由《茶经》和斗茶演变而来的。比如要泡一壶好茶，不仅要选上等茶叶，还须注意水质、水温、茶量与茶具等要素。古人认为，冲茶煮茶以山上的泉水为最佳，江水、雪水、雨水次之，井水最差，用现代的饮茶观点解释，就是"水质"必须选用清新的软水（含矿物质较少者），忌用硬水。"水温"随不同种类的茶叶应有所变化，对大部分的茶种而言，以接近摄氏 100 度的水冲泡为宜；但绿茶及轻发酵茶类则不宜过高，通常不宜超过 90 度。"茶量"亦因不同的茶种而增减，从占茶壶容量的四分之一到四分之三均有可能。至于"茶具"，不同种类的茶要用不同的器皿，花茶用瓷壶，方能保其茶香不失；绿茶原本清淡，而砂壶易吸茶味，最好用玻璃杯，既可保其香气，又可观赏茶色、茶形；而对于红茶、半发酵的茶来说，最好用砂陶茶具。而真正领略到茶的真味和饮茶的乐趣，从中得到高雅的艺术享受，从而达到修心养性的境界，是需要很高的文化艺术修养的。因此，饮茶体现了一种中国式的生活美学。

煮茶的白族少女（谢光辉摄，香港《中国旅游》图片库提供）

说到茶具，唐代以前，茶器与食器是不分的。随着饮茶风气的盛行，茶器日趋工巧。唐代末年出现了饮茶最理想的器具——紫砂壶。它不同于一般的陶器，而是以一种质地细腻的紫红色软泥为原料，经艺人精心制作而成的，其壶颜色紫红，质地温润细腻，造型古朴。这种经1100摄氏度左右高温烧制而成的紫砂壶，里外都不上釉，在600倍的显微镜下可以观察到它的双重气孔，透气不透水，有良好的保味功能。加上不少文人雅士直接参与紫砂壶的设计和制作，小小茶壶集诗文、书画、篆刻、雕塑于一体，具有很高的艺术价值和实用价值。

紫砂壶之所以在明代以后名扬天下，显然与饮茶风气转变有关。当时由团茶改为散茶，开始以水冲泡茶，再用小盏泡茶则不利保温和清洁，因此改用茶壶。以小壶泡茶，从16世纪末流传至今，已有400年的历

史。用紫砂壶泡茶，传热慢，茶壶盖上有气孔，不致在盖内凝结水珠滴入茶中致使茶水发酵走味，而且由于经过高温烧制，即使将茶壶放在炉子上煨炖也不易破裂。紫砂壶使用年代愈久，色泽越光润典雅，泡出来的茶香气越醇厚。而爱壶之人更喜欢用不同的壶饮不同的茶，以使其壶日久味纯。

紫砂壶的产地是中国著名的"陶都"宜兴，它位于苏、浙、皖三省交界处，地处太湖之滨。在唐代，这里已是著名的产茶基地，许多名茶年年进贡皇宫。宜兴紫砂茶具从北宋开始兴起，到明代宜兴造壶名家辈出，造型奇巧、装饰大方的宜兴紫砂壶广为流行起来。爱饮茶的人，大都喜好把玩茶壶，一些出自名家之手、做工精良的宜兴紫砂壶，相当名贵，价比黄金，"藏壶"或"养壶"至今仍被视为一种高雅的习惯。

值得一提的是，在闽南、潮州一带泡煮工夫茶，自明清以来就时兴用宜兴紫砂壶，做工精美的高档紫砂茶具一度是当地男人学识、地位、身份的象征。无论达官显贵，还是平民百姓，都把自己千方百计得到的紫砂壶视为珍贵的宝器，甚至死后将其作为陪葬品带进墓中。在紫砂壶的产地江苏，人们喜饮绿茶，随着制茶工艺的提高，现在已很少有人用紫砂壶泡绿茶，而选用白瓷杯或玻璃杯，紫砂壶往往作为一件工艺品摆放在家中。对待一只上好的紫砂壶，人们宁愿世代相传，而很少将其作为私人物品陪葬。

中国素有"客来敬茶"的礼仪，也有人主张以茶代酒。简单的奉茶之道，就是在为客人沏茶前，先询问客人的喜好；沏茶的水不宜太热以免烫伤客人；倒茶时有"酒满茶半"的规矩，以八分为宜。在主人给客人斟茶时，客人用食指和中指轻叩桌面，以致谢意——据说这个风俗是由清代流传下来的，不仅在中国本土很盛行，而且在东南亚华侨中也很流行。

　　"功夫茶"是广东潮州地区特有的传统风俗，从唐代流传至今，不仅是贵客临门的第一道重礼，旅居海外的潮州人还以功夫茶作为认祖归宗的标志。正宗潮州功夫茶是谨遵古制，一般主客只限四人，这与明清茶人主张茶客应"素心同调"、不宜过多的思想相近。客人入座，要按辈份或身份从主人右侧起分坐两旁。客人落座后，主人开始操作。不仅茶具如古玩般令人着迷，茶叶的品质、水质和沏、斟、饮茶的方法也大有讲究。功夫茶所用茶壶小巧玲珑，只有拳头那么大，杯子则只有半个乒乓球大小。茶叶选用色香味俱全的乌龙茶，茶叶几乎塞满茶壶，并用手指压实——据说压得越实茶味越酽。水最好是用经过沉淀的，沏茶时将刚烧沸的水马上注入壶中，头一两泡是不能饮用的，而是用来洗茶和冲烫杯子的。斟茶时，不能斟满上杯再斟下一杯，而要巡回穿梭于四个小杯之间，直至每杯都达七分满。等到茶汤剩下最浓的精华部分，则把茶汤均匀地一点一抬头地依次分入四杯，以保证浓淡均匀，香醇一致。喝功夫茶也有规矩，不能马

成都茶馆里的老人怡然自得。（张宏江摄）

上就喝，要先用凉开水漱口，以保证茶味的纯正。饮时是用舌头呷着细酌慢饮，功夫茶味浓，碱性大，初饮会略感苦涩，饮到后来，却愈饮愈觉茶香甜润，人也神清气爽起来。饮功夫茶，一边品茶一边谈天说地，心境恬淡悠闲，才叫"功夫"，这也体现了一种中国特有的崇尚自然、无拘无束的茶艺精神，传达出中国特有的人情味——温良醇厚、含蓄深沉。

由功夫茶不禁让人联想起各式茶馆。在中国，茶馆是一种非常普遍的服务行业，尤其是在江南，大小城市及乡村随处可见茶馆，有历百年而不变的传统茶馆，也有结合了咖啡吧、酒吧特点的新式茶室，而且有相当一部分茶馆兼营酒饭茶点。其实追溯起来，茶馆的真正兴盛与繁荣始自宋代，当时就有适应各阶层需要的各种茶馆；高雅的茶室，不仅墙上挂有名人字画，室内还摆着应时的鲜花和盆景，并伴有鼓乐丝竹。到了清乾隆（1736—1795）、嘉庆（1796—1820）年间，北京的茶馆和曲艺结合，人们可以边品茶边

富有生活气息的四川茶馆（陈锦摄，香港《中国旅游》图片库提供）

欣赏曲艺，还可以自带茶叶，只付水资。因此，北京的许多剧场一度都叫"茶园"。而被视为北京特色的大碗茶——在路边树下搭一凉棚，土台土凳粗茶碗，用大碗茶招徕过往行人的茶摊，如今已不多见了。四川人饮茶历史悠久，茶馆更是相当普遍。以成都的茶馆而言，其开间有大有小，大的多达几百个座位，小的也有三五张桌的，所用茶具是茶碗、茶船、茶盖成套使用的盖碗。而用长嘴铜壶斟茶，可谓川式茶楼的绝技——水柱凌空注入茶碗，恰好与碗沿齐平，及时收住而能滴水不漏。老年人喜欢到茶馆品茶聊天听戏曲，职场人士喜欢进茶馆休闲、交际或洽淡买卖。中国有句俗话"茶可清心"，茶所代表的清幽境界有别于世俗世界的喧嚣、浮躁，喜欢饮茶的人很容易从中获得一种纯净怡然的心境。

酒逢知己千杯少

酒是全世界各民族共享的人类物质文明之一，在发明蒸馏器以前，仅有酿造酒。用谷物酿酒的传统，是中国酒的特色。中国的黄酒，也称"米酒"，作为世界三大酿造酒类（黄酒、葡萄酒和啤酒）之一，堪称东方酿酒技术的典范。

酿酒、饮酒在中国起源甚早，古书中所载有关酒的起源有很多种说法，但多半不是信史。民间普遍以杜康为酒神，认为是他造的酒。不过早在商代，中国人已普遍用谷物酿酒了。流传下来的甲骨文、金文中，有很多商代人用酒祭祀祖先的记载，当时饮酒之风已很盛行。在近代的考古发掘中，发现过商代酿酒遗址。1980年在河南商代后期古墓出土的酒（现存于北京故宫博物院），可以说是中国现存最古老的酒。地大物博，各地农作物品种、水质及酿酒技术的一些差异，造就了中国富有地域特色的各式佳酿。

古代中国人在酿酒技术上的一项重要发明，就是用酒曲造酒。原始的酒曲是发霉或发芽的谷物，主要是小麦和稻米，人们对发霉的谷物加以改良，就制成了适于酿酒的酒曲。酒曲里含有使淀粉糖化的丝状菌（霉菌）及促成酒化的酵母菌，可将谷物原料糖化发酵成酒。南北各地利用不同谷类制曲，酒的种类也随之增加。南北朝（420—589）时，制酒曲的技术已达到很高水平，当时的重要著作《齐民要术》就记述了12种制酒曲的方法。

这是一种自然发酵的方法，历经数千年，发酵技术已相当成熟，而制曲酿酒技术的基本原理和方法至今仍在使用。利用这种方法酿酒，主要是凭借经验，生产规模一般不大，基本是手工操作，酒的质量并没有严格的科学检测标准。

黄酒的生产原料，在北方是高粱、小米和黄米，南方则普遍用稻米（尤以糯米为佳），酒度一般为15度左右，酿造的年头越久，味道越清醇甜润。黄酒的颜色并不总是黄色的，还有黑色的、红色的。在酒的过滤技术并不成熟时，酒呈混浊状态，古代人曾因此称之为"白酒"或"浊酒"。

由于从宋代开始，中国的文化、经济中心南移，黄酒的生产在南方数省更为兴盛。元朝时，烧酒在北方得到普及，那里的黄酒生产逐渐萎缩；南方人饮烧酒者不如北方普遍，因此，黄酒生产得以在南方保留下来。清朝时，还出现过浙江绍兴出产的黄酒称雄海内外的盛况，以至现在爱喝黄酒的人仍首选绍兴黄酒。

在中国的许多地区，都有家庭自酿酒的习惯，可见用酒曲酿酒的方法多么普及。更有一些善饮人士认为，中国真正的美酒佳酿并不产自酒厂，而是出自民间。用籼米饭加大曲，封罐一个月以上，就可以酿出四五十度的白酒；用糯米饭加小曲，密封数日，就酿成了10度左右的醪糟，如再封存一个月以上，就成了甜糯米酒。无论白酒还是甜酒，封存时间越长，酒味越醇。醪糟酿造简便，又是价廉物美的保健饮料，饮食醪糟的习俗在中国南方各省都相当普遍。而一直以来，都有不少人从医学角度出发，相信酒的药效而制作药酒，饮酒以活血养生。

中国传统的白酒（烧酒），是最有代表性的蒸馏酒。大约在6世纪—8世纪，中国就已有了蒸馏酒。简单蒸馏器的创制，是古代中国人对酿酒技术的又一贡献。19世纪末20世纪初，由于从西方引进了微生物学、生物化学和工程知识后，中国传统的酿酒技术发生了巨大的变化，机械化水平大幅度提高，生产规模也随之扩大。位于中国西南部的贵州和四川是人们公认的出产优质白酒最为集中的两个省份，尽管如此，由于物产的差异性，南北各地的制酒原料会有所

酿好的绍兴黄酒经水道运往外地。（谢光辉摄，香港《中国旅游》图片库提供）

不同，几乎每个省区都结合本省人的口味，出产自己的名牌好酒。因此，中国的好酒不下四五十种，而不仅仅是闻名海外的四川"泸州老窖"、贵州"茅台"、山西"汾酒"、陕西"西凤酒"。中国最早的啤酒厂1900年建于哈尔滨，尽管啤酒在中国的普及还不足一个世纪，却是现在中国人消费最多的一种酒。

自古以来，酒就与中国人的日常生活密不可分。人们或用酒祭祀祖先，以示诚敬；或藉酒自适，成就诗文；或亲朋宴饮，把酒言欢。酒在中国人的文化、生活中无疑是一个不可忽视的内容。

古代君王、诸侯的朝会宴飨，少不了酒。各种酒器因此成了重要的礼器，其中尤以青铜爵、尊、彝等酒器象征身份等级。在中国各地考古发掘和传世器物中，青铜酒器曾风靡一时。而向百姓开放酒禁，又往往与朝代更替、帝王更迭及一些重大的皇室活动有关。

中国古代多用粮食酿酒，因此五谷丰登与否，成为各朝代统治者是否开放酒禁或征取酒税轻重的一项依据，酒业的兴衰是粮食生产丰歉的晴雨表。酒与历代民生、赋税也有直接关系，自汉武帝天汉三年（公元前98年）实行中央政府对酒的专卖政策以后，从酿酒业收取的专卖费或酒的专卖税曾是其后各封建王朝财政收入的主要来源之一。

酒与大部分中国文人有密切关系。中古时期，魏晋（220—420）名士、唐代（618—907）诗人好酒善饮的记载很多，是"酒与中国文化"的关联中足堪留意的两个阶段。其实，文人和酒的渊源并非从魏晋名士开始，但像竹林七贤"无事常痛饮"，酒甚至占据其生活全部的情况却不多见，他们处在动荡不安的社会背景下，借酒浇愁、以酒避祸、酒后放狂言以表达对时政的不满，反映了乱世文人的无奈处境。从此，文人酗酒不再被看成是败德丑行，而被视为风雅之举。唐朝诗人似乎都喜欢豪饮，诗中有酒、酒中有诗的李白、杜甫都是闻名中外的伟大诗人。由于中国诗歌、音乐、绘画、书法等传统艺术的抒情性都很强，酒能使人回归纯洁、本真的人性，激发艺术家的创作才华，因此令后人对酒、诗、文人三者之间的关系产生浪漫的遐想。

中国人讲究喝酒先要有酒兴，才能尽饮，饮酒才是一种生活乐趣。"酒逢知己千杯少"，恰恰体现了中国人重视人与人之间和谐相处、愿意与他人分享快乐的人生态度。酒丰富了中国人的感情生活。猜拳行酒令、即席作歌、赋诗、唱和、起舞，是自古以来酒席宴饮的助兴游戏，也是中国饮酒风俗中最有特点的一种方式。对饮两方，有时势如两军对垒，振臂猜拳、击节号叫，斗志斗勇斗酒量，好不热闹。聚餐喝酒成了特定的娱乐方式，其目的在于联络友情、增进亲情，并不仅仅是吃饭喝酒，因此宴集的时间很长，短则一两个小时，长则通宵达旦。

许多超市都供应进口葡萄酒。（林蔚健摄，Imaginechina提供）

青岛啤酒是享誉海内外的中国啤酒品牌。此为香港铜锣湾街头的青岛啤酒广告。（辛磊摄，Imaginechina提供）

城市街边的啤酒经销店（吉国强摄，Imaginechina提供）

中国人的好客，在酒席上发挥得淋漓尽至，人与人的感情交流往往在敬酒时得到升华。不少地方以酒迎客、以酒待客。故人重逢，好友相聚，饮上几杯，其乐陶陶，酒营造出一种温暖和谐的气氛。"喝酒干杯"的习俗在中国的南北各地都很盛行。酒席开始，主人往往先讲上几句话后，就开始第一次敬酒。主人先将杯中的酒一饮而尽，即所谓"先干为敬"，以示对客人的尊重。有时，主人还要依次向客人敬酒，不以同样的方式回报就是失礼，往往会被罚酒，因此客人还要回敬主人。客人之间也可以相互敬酒。另外，参加宴席，最好不要迟到，否则主人和客人都会提出罚酒。敬酒时，敬酒的人和被敬酒的人都要起立，普通敬酒以三杯为度，客人喝得越多，主人就越高兴。一种有趣的心态是，敬酒时，往往都想对方多喝点酒。尤其是一些好客的少数民族，待客必豪饮。比如蒙古族在敬酒时，主人往往手捧酒碗，唱着祝酒歌，直到宾主尽醉方休。西南地区的苗族、傣族、彝族流行一种"咂酒"的饮法，也就是用芦管或竹管插入酒坛中喝，一般按先长辈后晚辈的顺序轮流饮用。酒在少数民族中还有一大妙用，那就是民间的结好还有歃血为盟的古老风俗，一般是杀鸡、羊，甚至刺破双方手臂，滴血入酒，饮这种歃血酒在少数民族中被视为一种神圣的盟约。

在酒精的作用下仍能保持君子风度的人则会因此受到尊重和钦佩。儒家思想讲究"酒德"，也就是说饮酒者要有德行。儒家并不反对饮酒，用酒祭祀敬神，养老奉宾，都是德行，平常应少饮酒以节约粮食。饮酒过

度、醉生梦死不是儒家崇尚的生活态度。正所谓"酒以
成礼，酒以治病，酒以成欢"。在一些特定的场合，酒
是不可缺少的。但是，酒又被人们看作是一种奢侈品，
没有它，也不会影响正常的生活；而且有一种普遍的观
点，认为"酒能乱性"，因为酒能使人上瘾，多饮会使
人致醉、惹事生非、损坏身体健康，人们又将其视为引
起祸乱的根源。因此，从古至今都不乏讲酒德、作酒
训，劝人节饮的人。在当代社会中，一些政府部门已明
令禁止公务员在工作日的午餐时间饮酒，对一些特殊职
业的人员还有更明确的禁酒限制，而司机更会因酒后驾
驶被追究法律责任。

以高粱为原料酿制的白酒相当普
遍。（石宝琇摄，香港《中国旅
游》图片库提供）

　　中国的酒礼、酒俗几乎与酒同步诞生，一些风俗
保留至今。"喜酒"，往往是婚礼的代名词，置办喜酒
即办婚事，去喝喜酒，也就是去参加婚礼。喜宴上新娘
新郎要向父母和来宾敬酒，双方还要喝"交杯酒"，以
示百年好合。婚礼后第三天，新娘要带着新郎回娘家，
女方家要设宴待客，这叫"回门酒"。为新生儿办"满
月酒"或"百日酒"是中国各民族普遍的风俗之一，就
是在小孩子出生满一个月或满一百天时，孩子的父母摆
上几桌酒席，邀请亲朋好友共贺，来宾一般都要带礼
物，或将钱包在红色的纸袋中送一份"红包"。摆"寿
酒"是中国人为老人祝寿举办宴会的习俗，一个老人的
六十岁、七十岁、八十岁、九十岁，甚至一百岁，都可
称为"大寿"，一般由儿女或者孙子，孙女出面举办，
邀请亲朋好友参加酒宴。

　　中国人一年中的几个重大节日，都有相应的饮酒

广州珠江边街上的酒吧街（张国声摄，Imaginechina提供）

活动，如除夕夜喝"年酒"，祝福新的一年合家安康；农历五月初五的端午节，人们饮"菖蒲酒"（菖蒲，多年生水生草本植物，可提取芳香油。菖蒲酒是一种配制酒，提取菖蒲汁液作为香料，直接将其放入以大麦及豌豆制成的酒曲酿成的高粱酒中浸泡、过滤而成），以辟邪、除恶、保平安；农历八月十五中秋节，无论家人团聚，还是挚友相会，人们都离不开赏月饮酒。此时正是桂花盛开的季节，因此饮"桂花酒"（用桂花酿造的酒）也是中秋节的传统之一；农历九月初九是重阳节，自古就有登高饮酒的习俗，许多地方都有饮"菊花酒"（用菊花酿造的酒）的传统。

西方人讲究不同的场合喝不同的酒，酒有时还是身份、品位的象征。这一点并不适于中国，市场上的中国酒也分高中低档，但中国人挑选酒主要是依据自己喜欢的酒的香型和口感，而很少依据年份、色泽或产地。

酒，不仅融入了中国人的日常生活，而且人们借"酒"传达着不同的情感。可以说,人生百态,万般情怀,都可以化为杯中酒,其中的酸甜苦辣、乐趣妙处,惟有饮者自知,斟者意会。

中国的酒文化源远流长,酒影响了中国人的生存方式,也改变了中国人的个性。尤其是近十多年来,中国经济发展迅速,人们的生活方式也更加多元。除了传统的酿酒技术及饮酒习惯继续受人青睐外,由国外引进的酒类也大受欢迎。在亲朋聚首畅饮之际,选择酒类的空间无形中扩大了,这不但增添了饮酒的乐趣,也使得中国人的饮酒文化更加多彩多姿。而在各地蓬勃兴起的酒吧文化也代表了一种年轻人的消费时尚,许多初到中国的外国人都惊讶于酒吧在中国各大城市的普及程度,其风格的国际化也反映了中国人自由、开放的生活状态。

饮食新风尚

随着近年来中国经济蓬勃发展和老百姓生活水平的提高，人们的饮食需求和方式都发生了变化，日常饮食更注重膳食平衡与身体健康的关系。健康意识的提高，不仅影响到了进餐习惯和饮食结构，还促进了绿色环保农业的发展，并带动相关饮食行业的调整。另一方面，作为西方消费文化的一部分，西方餐饮业不断开拓中国市场，越来越多的中国人有机会品尝到并不昂贵的西方国家的美食，西式快餐也迅速融入这个典型的东方慢食国度，这一切都在改变中国人的生活方式。饮食新风尚推动着中国的餐饮业不断推陈出新。

20世纪五六十年代，包括餐饮业在内的各个行业都进行了所有制的公私合营，各个餐馆原本是相互保密的烹饪技术得以交流和改进，一些失传的传统菜式也都被挖掘出来，一度出现新菜层出不穷的繁荣景象。但是，由于当时社会上普遍盛行一种反对奢侈、提倡

20世纪50年代在单位食堂吃饭的工厂职工。（1958年摄，新华社摄影部提供）

中国在计划经济时期为了保证国家供应城镇居民用粮，从1955年开始发行"粮票"。随着中国经济的发展，粮油价格开放。20世纪90年代初取消了已经名存实亡的粮票。

节俭的风气，讲究吃喝被视作是腐朽、落后的思想行为，进餐馆吃饭的欲望受到了约束，厨艺的发展也不可避免地受到了遏制。绝大部分国营饭店按照传统惯例，经营的多为正宗菜系，菜品单一，价格颇高，而服务质量也不尽如人意。

1980年9月30日，北京诞生了改革开放后的第一家个体餐馆——"悦宾餐馆"，因为当时所有的餐馆都是国营的，粮油、豆腐还要凭本儿、票儿计划供应，一家小小餐馆的营业竟在国际社会引起了巨大反响。店主人至今还清晰地记得，自己在开业第一天用36元钱买了四只鸭子，做的几道菜全是鸭子菜，而短短数日，来餐馆吃饭的就有72个国家的大使和74家新闻单位的记者。

日子越来越富裕，就有越来越多的人想下馆子，换换口味，吃点在自家做不出来或不方便做的饭菜。不同风味、不同档次的餐饮

企业应运而生，个体餐饮经营者在各地纷纷涌现，餐饮行业成为中国投资的热点。经营者们寻访老辈的厨师或者出自名门的美食家，请教过去传统菜肴的制作方法；受到市民欢迎的手工饺子馆、面馆扩张店面，开始同时经营其他菜肴；漂亮的礼仪小姐穿着醒目的制服或旗袍、戴着耀眼的帽子，胸前挂着写有饭馆名字的绶带，笑容可掬地站在新餐厅门前迎候客人。由于私营饭店非常重视服务态度，服务员们彬彬有礼而顾客盈门，而许多位于闹市区的国营餐馆却因态度生硬、菜品单调，在激烈的竞争中渐渐失去了人气。一时间，曾经在城市中消失的美味又回来了，一些营业传统风味饮食的店家在北方被重新冠以"老字号"的招牌，而在上海则以"正宗"吸引食客。

20世纪90年代以前，人们在餐馆吃饭大多只注重吃的内容，即便是街头的临时性摊档，只要价格便宜、量足，人们照样会排着队来吃。但随着中国各地城乡经济的快速发展，人们的消费需求也提高了，填饱肚子已不再是消费者惟一的目的。大多数消费者在进餐馆消费的时候，不仅需要可口的饭菜，也需要雅致、卫生的环境和细致、周到的服务。

好吃实惠的家常菜重新走出家庭，走向市场，走上了餐馆的餐桌。相比高档饭店的特色佳肴、山珍海味，家常菜在口味上厨艺上并没有特别的独到之处，但许多饭馆都以家常菜作为标榜来吸引顾客，好吃不贵、丰俭自便是一个原因，最主要的还是家常菜的亲切普通，一家人进饭馆吃饭，跟在家里吃没什么两样，自在舒服。起初，经营家常菜的饭馆店面并不大，菜品也比较单一，只有人们熟知的"宫爆鸡丁"、"鱼香肉丝"、"水果沙拉"等。近年来，人们的日常餐饮方式发生了明显的变化，生日、祝寿、团聚、宴请等家庭餐饮逐渐走向公共场所，小吃、家常菜、快餐极为走俏。家常菜的兴起，既改变了寻常百姓的饮食习惯，又给竞争激烈的餐饮市场带来了新的活力。各种字体的"家常菜"招牌出现在街头巷尾，经营规模也不断扩大，出现了像"眉州东坡"、"郭林家常菜"等知名的家常菜餐饮企业。家常菜由家庭常吃的百姓菜变为了餐馆菜肴、商业菜肴。

中式快餐
（Roy Dang摄，Imaginechina提供）

随着家常菜的发展，在经营什么和怎么经营上，也出现了差异和变化。比如一些家常菜馆的餐桌上，就出现了价格不菲的北京烤鸭。这些菜肴不仅在原料上和普通的家常菜肴有所不同，制作方法也比一般的家常菜繁杂得多，但出自家常菜馆，价格上远低于高档饭店，也颇受百姓的欢迎。

为了满足不同顾客的口味，在北京、上海、广州、深圳等人口流动性很强的大城市，经营地方风味菜肴的餐馆越来越多，饮食风尚一两年就会有很大的变化——先是举国上下流行吃粤菜，接着是川菜馆的酸菜鱼，新疆的羊肉串，湘菜馆的"毛式红烧肉"，河南的红焖羊肉，重庆的麻辣火锅，东北的饺子，上海"本帮菜"，杭州菜，四川的水煮鱼、香辣蟹，云南菜、贵州菜、台湾菜……口味的变化堪比T型台上的霓裳艳影，你方唱罢我登场，大有天下美食轮流转的势头。近两年，北京、上海、台北等地还出现了打着"私房菜"招牌的家庭式饭馆，这类餐馆以自创的菜式、点心招徕顾客，讲究就餐环境的私密氛围，情调优雅，一般规模都不大，有的索性以会员制经营，受到城市富裕阶层的青睐。而结合了西餐宴会特点的自助餐，也让中国人感受到了一份自主选择餐食内容的自由。与在一般的中餐馆

中式快餐（Roy Dang摄，Imaginechina提供）

照菜谱点菜的进餐方式相比，自助餐最大的优势就在于，不同口味的人聚在一起，可各取所需，既能品尝到自己喜爱的美味佳肴，又分享了交际、交流的快乐。

初到中国的外国人，除了品尝中餐美味，更愿意在一些传统文化气息浓郁的"老字号"餐馆中感受中国情调。像北京的全聚德、便宜坊、东来顺、丰泽园、仿膳、柳泉居、沙锅居、烤肉季、烤肉宛、功德林，上海的上海老饭店、老正兴菜馆、梅龙镇，天津的狗不理包子店、鸿起顺饭馆、天一坊饭庄等，大都有几十年上百年的历史，在激烈的市场竞争中，它们仍然保持着一定的优势，不仅以独到的特色招牌菜招徕顾客，更以其历史文化品位吸引顾客。

北京著名的百年老店——"全聚德烤鸭店"，就是一个典范。其实，中国最早的烤鸭店还要说是"便宜坊烤鸭店"，"全聚德烤鸭店"稍后出现，但后来者居上。尤其在外国人眼里，"全聚德"

的名声似乎更响亮，许多人都喜欢吃一顿"全聚德"烤鸭，从中细细体会其百年历史沧桑。"全聚德"在保持挂炉烤鸭的特色基础上，开创了独具特色的全聚德全鸭席。全聚德烤鸭店的规模日益扩大，在全国设有上百个分店，并成为内地首家A股上市的餐饮老字号企业。

地处北京最繁华地带——王府井大街的"东来顺饭庄"，从原来的一个很小的回民粥摊，到经营"涮羊肉"，逐渐发展成为这一领域首屈一指的老牌名店。除了经营地道的北京涮羊肉外，还发展了多种清真炒菜，如鸡茸银耳、烤羊腿、白汤杂碎、手抓羊肉、炸羊尾等，菜点不下200种，奶油炸糕、核桃酪等风味小吃也颇有特色。走进"东来顺"，享受各式清真菜肴和北京特色的涮羊肉，可

一家经营正宗法式西点的餐馆（刘圣辉摄， Imaginechina提供）

传统风格的餐厅（高峰摄，Imaginechina提供）

以从中体会到那种老北京特有的从容自得的心境。

与家常菜馆、地方风味菜馆和老字号餐馆相比，吸收了国外快餐经营管理模式的中式快餐店尽管才有十几年的历史，却几乎遍布了中国大中小城市。这类餐馆以全新的经营方式面世，营业时间长，在饮食风味上既保持了传统特色，又能满足顾客随时进餐的需求，而且价位低、品种全、风味多，分餐的方式又很卫生，因此发展势头强劲。而随着麦当劳、肯德基、必胜客等西式快餐连锁店在中国各地发展，可乐、汉堡、比萨饼所代表的西式快餐食品尽管价格不菲，却被越来越多的中国人所接纳，这几家快餐企业在中国的经营状况也很好。

其实，真正的西餐在中国出现的历史要早得多，大约700多年前，意大利人马可•波罗来中国游历时，就将某些欧洲菜点的制作方法介绍到了中国。但当时仅仅是在华外国人的家宴中出现，中国宫廷王府偶尔也制作西餐，作为中国餐饮业组成部分的西餐行业，还远远没有形成。19世纪中叶后，伴随着西方列强的入侵，来华居住的外国人逐渐增多，西餐技艺也被"洋人"所雇佣的中国人所掌握，中国人制作西餐、食用西餐不再是件稀奇事儿了，西餐逐渐发展为饮食业的一个经营种类。

随着中国对外开放政策的实施，近二十几年来，经营世界各国风味菜肴的饭店越来越多，有的是开在外国人工作、生活较集中街区的独立的餐馆，一些旅游热点城市甚至开辟了特色餐饮一条街，经营各式外国风味食品。由于许多餐馆经营的外国风味饮食都能自成体系，以中国人特有的方式诠释不同地域、不同国家的饮食文化和风土民情，既丰富了中国人的日常生活、促进了中国餐饮业的繁荣，也使不同国度的人们在饮食中感受到彼此的尊重和包容。

附录：中国历史年代简表

旧石器时代	约170万年前—1万年前
新石器时代	约1万年前—4000年前
夏	公元前2070年—公元前1600年
商	公元前1600年—公元前1046年
西周	公元前1046年—公元前771年
春秋	公元前770年—公元前476年
战国	公元前475年—公元前221年
秦	公元前221年—公元前206年
西汉	公元前206年—公元25年
东汉	公元25年—公元220年
三国	公元220年—公元280年
西晋	公元265年—公元317年
东晋	公元317年—公元420年
南北朝	公元420年—公元589年
隋	公元581年—公元618年
唐	公元618年—公元907年
五代	公元907年—公元960年
北宋	公元960年—公元1127年
南宋	公元1127年—公元1279年
元	公元1206年—公元1368年
明	公元1368年—公元1644年
清	公元1616年—公元1911年
中华民国	公元1912年—公元1949年
中华人民共和国	公元1949年成立